反潜巡逻机协同搜潜智能决策方法

孙永芹　马培蓓　吴凌燕　潘　爽◎著

INTELLIGENT DECISION METHODS FOR

COOPERATIVE SEARCHING SUBMARINE

WITH ASW PATROL AIRCRAFT

北京理工大学出版社
BEIJING INSTITUTE OF TECHNOLOGY PRESS

内 容 简 介

本书详细介绍了反潜巡逻机协同搜潜智能决策方法，给出了声速梯度和海洋噪声环境的影响，并建立了潜艇的位置散布模型和运动模型，设计了双/多反潜巡逻机协同搜潜总体方案，重点介绍了云贝叶斯网络方法及其在反潜巡逻机自主模式协同搜潜目标态势评估中的应用，以及贝叶斯粗糙集、模糊测度和模糊积分在反潜巡逻机协同搜潜智能决策中的应用。

本书可以作为院校相关专业的教材，也可以为从事人工智能技术研究应用、决策系统研究的人员提供参考。

版权专有　侵权必究

图书在版编目（CIP）数据

反潜巡逻机协同搜潜智能决策方法 / 孙永芹等著． -- 北京：北京理工大学出版社，2022.7
ISBN 978-7-5763-1572-1

Ⅰ. ①反… Ⅱ. ①孙… Ⅲ. ①反潜飞机-巡逻机-智能决策-决策方法 Ⅳ. ①E926.38

中国版本图书馆 CIP 数据核字（2022）第 154443 号

出版发行	/ 北京理工大学出版社有限责任公司
社　　址	/ 北京市海淀区中关村南大街 5 号
邮　　编	/ 100081
电　　话	/ (010) 68914775（总编室）
	（010) 82562903（教材售后服务热线）
	（010) 68944723（其他图书服务热线）
网　　址	/ http://www.bitpress.com.cn
经　　销	/ 全国各地新华书店
印　　刷	/ 三河市华骏印务包装有限公司
开　　本	/ 710 毫米 × 1000 毫米　1/16
印　　张	/ 10.25
彩　　插	/ 6
字　　数	/ 159 千字
版　　次	/ 2022 年 7 月第 1 版　2022 年 7 月第 1 次印刷
定　　价	/ 78.00 元

责任编辑 / 曾　仙
文案编辑 / 曾　仙
责任校对 / 刘亚男
责任印制 / 李志强

图书出现印装质量问题，请拨打售后服务热线，本社负责调换

前　言

随着来自目标潜艇的威胁不断加大，反潜巡逻机反潜越来越受重视。搜索潜艇是其重要任务，但现有的"单点单部"或者简单的"单点多部"等搜潜模式已落后于潜艇对抗反潜的要求，寻求新的搜潜模式——协同搜潜作战势在必行。然而，在协同搜潜过程中，搜潜手段多样且水声战场环境复杂，因此为指挥员选择最优搜潜方法提供辅助决策支持成为迫切之需。

本书分为 7 章。第 1 章为绪论。第 2 章，在分析海流、潮汐、海水水温、海水盐度等水文信息的基础上，给出了海洋噪声环境和声速梯度的影响，并建立了潜艇的位置散布模型和运动模型，以备后续构建决策模型使用。第 3 章，设计了双/多反潜巡逻机协同搜潜总体方案，其协同方案可分为自主模式和长机僚机模式。该研究基于自主模式，建立了反潜巡逻机协同搜潜发现潜艇的概率模型，以备后续构建决策模型使用。第 4 章，提出基于云贝叶斯网络的反潜巡逻机自主模式协同搜潜目标态势评估方法，该方法利用云理论的知识表示优势和贝叶斯网络的推理优势，建立了协同搜潜目标态势评估模型。该模型能识别目标类型、推断敌方作战意图、形成战场态势，为反潜巡逻机协同搜潜智能决策提供重要依据。第 5 章，提出基于模糊测度与模糊积分的反潜巡逻机协同搜潜的智能决策方法。在该研究中，根据潜艇的不同航行状态，组合了 6 种合理有效方案，选取搜索能力、隐蔽性、可操作性、经济性作为决策指标并构建指标模型；针对不确定条件下协同搜潜最优决策时决策指标的相关性问题，引入模糊测度与模糊积分理论，用 g_λ 模糊测度对关联决策指标的重要程度进行建模，用 Marichal 熵算法计算 g_λ 模糊测度，用 Choquet 积分实现决策结果，选出最优或近似最优方案。第 6 章，提出基于贝叶斯粗糙集和模糊测度、模糊积分理论的协同搜潜智能决策方法。该研究采用模糊测度构建决策指标重要程度模型，用 Choquet 积分实现最终最优或近似最优决策结果的基础上，针对决策指标的冗余问题，采用贝叶斯粗糙集的知识简约方法去掉不必要或不重要的指标，挑选出关键特征指标——发现目标潜艇概率、目标潜艇下潜深度、目标潜艇散布范围、浮标数量、隐蔽性、环境参数，以提高算法的收敛速度，从而提高算法的最优性和实时性。该方法解决了指标的冗余和相关性问题，选出的最优或近似最优方案更具有实际意义。第 7 章为总结与展望。

  本书由 91206 部队孙永芹、海军航空大学马培蓓、海军航空大学青岛校区吴凌燕、海军潜艇学院潘爽撰写。本书中的相关研究得到了中国博士后科学基金一等资助项目（2014M562558）、国家自然科学基金项目（61305136）、山东省自然科学基金项目（ZR2019MF065）的支持。

  在本书编写过程中，得到了海军潜艇学院的纪金耀教授、李东鑫讲师、初磊副教授、吴超副教授及海军研究院的肖汉华副研究员的指导和支持，在此表示衷心感谢。本书的出版得到了北京理工大学出版社的大力支持，特别是李炳泉副社长、曾仙编辑、刘琳琳编辑为本书做了大量细致的工作，在此一并表示感谢。

  本书的使用对象主要是从事人工智能技术研究应用、决策系统研究的人员以及院校有关专业的师生。由于笔者水平有限，书中难免有欠妥之处，恳请读者批评指正。

孙永芹
2022 年 7 月

目 录

第1章 绪论 ·········· 001

1.1 研究背景及意义 ·········· 002

1.2 国内外研究现状 ·········· 004

    1.2.1 国外研究现状 ·········· 004

    1.2.2 国内研究现状 ·········· 005

1.3 目前反潜巡逻机搜潜存在的主要问题 ·········· 009

    1.3.1 目前单架反潜巡逻机搜潜存在的主要问题 ·········· 009

    1.3.2 目前反潜巡逻机搜潜决策存在的主要问题 ·········· 010

1.4 主要研究内容和思路 ·········· 010

第2章 反潜巡逻机协同搜潜作战环境和作战对象 ·········· 013

2.1 引言 ·········· 014

2.2 反潜巡逻机作战海域水文环境 ·········· 015

    2.2.1 海流 ·········· 015

    2.2.2 潮汐 ·········· 015

    2.2.3 海水水温 ·········· 016

    2.2.4 海水盐度 ·········· 017

2.3 海洋环境噪声和声速梯度的影响 ········· 018
2.3.1 海洋环境噪声的影响 ········· 018
2.3.2 声速梯度的影响 ········· 020
2.4 目标潜艇机动状态 ········· 024
2.5 目标潜艇的位置散布模型 ········· 026
2.5.1 应召搜潜时潜艇位置散布建模 ········· 026
2.5.2 巡逻检查性搜潜时确定潜艇位置散布建模 ········· 031
2.6 目标潜艇运动模型 ········· 033
2.6.1 速度变化模型 ········· 033
2.6.2 深度变化模型 ········· 033
2.6.3 转向模型 ········· 034
2.6.4 运动模型 ········· 035

第3章 反潜巡逻机协同搜潜方法 ········· 037
3.1 引言 ········· 038
3.2 双/多反潜巡逻机协同搜潜总体方案 ········· 038
3.2.1 双/多反潜巡逻机协同搜潜自主模式 ········· 039
3.2.2 双/多反潜巡逻机协同搜潜长机僚机模式 ········· 039
3.3 反潜巡逻机协同搜潜发现潜艇概率模型 ········· 042
3.3.1 雷达发现目标潜艇概率模型 ········· 042
3.3.2 声呐浮标发现目标潜艇概率模型 ········· 043
3.3.3 磁探仪发现目标潜艇概率模型 ········· 044
3.3.4 尾迹探测仪发现潜艇概率模型 ········· 044
3.3.5 废气分析仪发现潜艇概率模型 ········· 045
3.3.6 多搜潜设备协同搜潜发现潜艇概率模型 ········· 046

第4章 基于云贝叶斯网络的反潜巡逻机协同搜潜目标态势评估研究 ··· 047
4.1 引言 ········· 048
4.2 反潜巡逻机协同搜潜目标态势评估 ········· 049
4.3 云贝叶斯网络算法 ········· 050

4.3.1　云的数字特征对云图影响分析 ················· 050
　　　4.3.2　云贝叶斯网络 ····························· 055
4.4　基于云贝叶斯网络的反潜巡逻机协同搜潜目标态势评估
　　　方法 ·· 059
　　　4.4.1　双/多反潜巡逻机协同搜潜目标态势评估思路 ····· 059
　　　4.4.2　确定态势评估指标 ························· 061
　　　4.4.3　连续节点的云模型离散处理 ·················· 062
　　　4.4.4　确定度-概率转换公式 ······················ 064
　　　4.4.5　概率合成公式 ····························· 065
　　　4.4.6　仿真验证与分析 ··························· 065

第5章　基于模糊测度与模糊积分的反潜巡逻机协同搜潜智能决策研究 ·· 093

5.1　引言 ·· 094
5.2　基于模糊测度和模糊积分的智能决策思路 ············· 095
5.3　基于模糊测度和模糊积分的智能决策方法 ············· 096
　　　5.3.1　确定搜索方案 ····························· 096
　　　5.3.2　确定决策指标模型 ·························· 097
　　　5.3.3　模糊测度确定决策指标的重要性 ··············· 100
　　　5.3.4　Choquet模糊积分确定决策结果 ··············· 103
　　　5.3.5　仿真验证与分析 ··························· 104

第6章　基于贝叶斯粗糙集与模糊理论的反潜巡逻机协同搜潜智能决策研究 ·· 107

6.1　引言 ·· 108
6.2　贝叶斯粗糙集算法 ································ 109
　　　6.2.1　贝叶斯粗糙集 ····························· 109
　　　6.2.2　贝叶斯粗糙集属性简约方法 ··················· 111
6.3　基于贝叶斯粗糙集与模糊理论的智能决策方法研究
　　　思路 ·· 113

6.4 基于贝叶斯粗糙集、模糊测度和模糊积分的智能决策方法 ········· 115
    6.4.1 简约决策指标 ··· 115
    6.4.2 指标的重要性和集成计算模型 ······················· 117
    6.4.3 基于贝叶斯粗糙集与模糊理论的反潜巡逻机协同搜潜智能决策过程 ······ 117
    6.4.4 仿真验证与分析 ··· 118

第 7 章 总结与展望 ······································ 121
  7.1 总结 ··· 122
  7.2 展望 ··· 123

参考文献 ··· 125

附录 A 云模型理论 ·· 137
附录 B 贝叶斯网络 ·· 143
附录 C 模糊测度与模糊积分 ····························· 149

第1章

绪 论

1.1 研究背景及意义

潜艇作为水下作战兵力，具有良好的天然隐蔽作战能力，其能携带导弹、鱼雷、水雷等武器，以较强的突击能力形成对海上兵力的直接威胁。当今世界高新技术的迅猛发展，赋予潜艇更加优越的性能，现代潜艇在自身的隐蔽性、活动水域的广泛性、威胁时间的长期性、攻击手段的多样性等方面都有了很大提高，性能愈发先进，且近年来主要作战对手和周边国家的潜艇部署数量越来越多，这使得目标潜艇的威胁问题日益严峻。

随着目标潜艇的威胁不断增长，我国航空反潜正越来越受重视。反潜巡逻机作为航空反潜的主要装备，其搜潜设备多样，有雷达、声呐浮标、磁探仪、红外探测仪、废气探测仪、电场分析仪、激光探测仪等。因此，与其他反潜平台相比，无论是在平台的战术性能方面还是在搜潜设备的种类和数量方面，反潜巡逻机都具有更大优势。但是，搜潜设备多样也带来了问题：这些设备的技术体制和使用方法多样化，导致海上实装训练时搜潜装备难以发挥最大效能；特别是潜艇减震降噪措施以及消声瓦等的使用，"空间单点单部声呐"或者简单的"单点多部"等现有模式已很难适应现代航空反潜战的要求。多平台的同类或非同类探测设备之间的协同搜潜[1-2]给这一问题提供了一个较好的解决办法。如何充分利用多种搜潜设备的各自优势,实施合理的协同搜潜战术,以发挥最佳搜潜效能,就需要指挥员果断采取应对策略。然而,在协同搜潜作战过程中存在大量不确定因素,包括目标的不确定性、海洋水文环境的不确定性,以及各种外来信息的不确定性,因此需要使用多种搜潜手段并配合战术行动才能达到搜潜作战的目的,这为作战指挥决策带来了很大困难。可以说,在现代反潜作战条件下,仅依靠指挥员个人的能力,已经难以胜任和完成反潜作战任务。所以,运用先进的计算机技术和优化决策理论建立协同搜潜决策模型势在必行,这既是航空反潜作战必须解决的关键问题之一,也是反潜巡逻机搜潜作战研究的主要内容。

协同搜潜决策问题涉及水声环境、潜艇目标特性和搜潜装备领域,是一个复杂的综合性问题。我国海军航空反潜事业起步较晚,相关模型大多以反潜直升机为平台,且仅考虑海洋环境和设备;此外,协同搜潜过程获得的信息通常具有不完全性和不确定性。在此背景下,引入云模型理论[3]和贝叶斯网络[4-5],建立有效的潜艇目标类型识别和意图评估模型,在复杂环境中对敌我态势快速、有效地进行评估,这对反潜作战有较重大的影响。搜潜目标态势评估是后续攻潜行动的基础,可以为反潜巡逻机协同搜潜决策提供重要依据。在搜潜方案决策过程中,因存在许多模糊因素而难以直接建立各因素与最优方案之间的解析表达式,使得各种协同搜索和供给方案的优劣往往难以精确描述。引入贝叶斯粗糙集理论[6]、模糊测度[7]、模糊积分理论[8]可以解决该问题。通过贝叶斯粗糙集简约冗余的决策指标,可极大地提高决策的有效性。同时,模糊测度解决各个决策指标并不孤立,往往具有一定的相关性,因此利用模糊测度理论进行决策分析更符合协同搜潜的实际情况。本书可为反潜巡逻飞机辅助决策系统研制提供一个新的思路,具有一定的理论创新意义。

1.2 国内外研究现状

1.2.1 国外研究现状

各国海军在改进和提高现有搜潜设备及其战术、技术的同时,都加紧研究和开发新的搜潜方式方法,因此协同搜潜辅助决策问题也越来越复杂。由于保密性、技术封锁等原因,目前尚未见到国外在固定翼反潜巡逻机近海协同搜潜辅助决策系统方面的专题研究和论文。但国外对航空反潜辅助决策系统的研究起步较早,涉及理论、应用和软硬件开发等方面,目前有大量成果得以广泛应用,有部分涉及反潜直升机协同搜潜辅助决策系统,可以直接借鉴。所以本节对航空反潜辅助决策系统及其相关理论加以综述,以备借鉴之用。

比较著名的航空反潜辅助决策系统有美国海军的交互式多传感器分析训练(Interactive Multi-Sensor Analysis Training,IMAT)系统[9-11],现已发展成一个完善的战术决策辅助(Tactical Decision Aid,TDA)系统,IMAT系统包括教室多媒体系统及其集成课程、基于PC的学习系统、操作员控制台和战术仿真。起初,IMAT系统是为强化训练海军航空兵反潜战(ASW)操作员而研制的,现在已扩展到训练水面舰和潜艇的ASW操作员,以及战术指挥人员;瑞典海军采用专用反潜战海图[12],为吊声搜潜提供详细的海底信息,包括深度、地理类型、沉船和其他物体等;英国的ChartLink系统[13]能提供海洋、水文和气象数据,应用于反潜战综合战术决策支持系统(ITDA);美国海军P-3C反潜巡逻机装备的"A-NEW"综合反潜任务信息和战术数据系统[14]具有自适应战术决策支持功能;澳大利亚海军S-70B-2反潜直升机机载目标信息传输数据链和战术数据系统(TDS)[15-16],具备传感器信息处理、定位、识别和自主跟踪功能,能辅助机组人员做战术决策;法国的舰用反潜战决策支持系统SYVA[17]能提供完整的反潜战术态势;英国的2068声呐环境预测与显示系统(SEPADS)[18]是基于环境的战术支持系统,能对战术决策进行评估。

在反潜辅助决策系统相关理论研究方面，文献［19］论述了反潜战战术辅助决策的应用；文献［20］分析了反潜战指挥决策过程，并进行了计算机实现。由于涉及军事保密，目前国外有关航空搜潜战术层次方面的作战研究和应用的细节的研究资料并不多见，有关搜潜过程的研究大多限于定性的、粗线条的描述。其中，有关国外航空搜潜战术在文献［21］~［23］中作了综合介绍；文献［24］认为，由于潜艇的隐蔽性使其具有较大的突袭能力，因而反潜作战也就成为美国与西方国家海军的重点任务，该文献阐述了面对苏联潜艇不断精进的威胁，美国海军反潜技术与反潜直升机也不断演进的发展历程，详细介绍了美国海军反潜技术和反潜直升机的发展历史和现状；文献［25］从反潜作战应用出发，详细分析了国外先进航空磁探潜装备的战技术性能和应用设计特点，并对其发展趋势进行了展望，提出无人机载 MAD 与有人机配合、MAD 编组集群将是航空磁探潜的发展重点，可为我国相关装备建设提供参考；文献［26］认为，由于反潜战在海上作战中的重要地位，美国海军一直十分重视发展先进的反潜装备，该文献主要从美国海军反潜平台的组成、主要反潜武器、反潜战传感器及指控系统三个方面介绍美国海军反潜装备的现状及发展趋势。文献［27］研究了机载雷达对水面状态或潜望镜状态的潜艇的探测发现概率和影响因素；文献［28］采用对策论研究了直升机搜潜战术应用。经分析发现，在国外搜潜战术领域，美国、法国、日本等国与俄罗斯各成体系，侧重点与战术思想各不相同。前者侧重于体系反潜，强调各搜潜设备的综合运用；后者则侧重于多机之间的协同。

1.2.2 国内研究现状

目前国内尚未见到固定翼反潜巡逻机近海协同搜潜辅助决策系统方面的专题研究和论文，但有少量学者对相关理论进行了探索。文献［29］~［32］研究了反潜巡逻机使用磁探仪搜潜的相关问题。文献［29］构建了满足"三性"要求的反潜巡逻机磁探仪巡逻搜索态势分析模型，给出了"两类三种"磁探仪巡逻搜索方法，建立了反潜巡逻机使用磁探仪巡逻搜索发现潜艇概率计算模型，为反潜巡逻机磁探仪巡逻搜索提供了理论与技术支持。文献［30］针对在实际作战中敌潜艇潜航深度模糊性导致磁探仪搜索宽度不确定的问题,提出了平均搜索宽度的概念,建立了磁探仪平均搜索宽度计算模型,为作战筹划提供了基本参数;给出了反潜巡逻机使用磁探仪进行区域搜索的"两类三种"搜索方法,以及得到接触后的"两类四种"行动方法;建立了反潜巡逻机使用磁探仪在指定区域搜索发现潜艇概率计算模型,该模型适用于逆计算。文献[31]建立了反潜巡逻机使用磁探仪执行苜蓿叶搜索时的航路模型,并仿真分析潜巡逻机与潜艇初始位置、潜艇初始散布误差,以及在潜艇经济航速条件下磁探仪搜索概率变化的情况,为磁探仪的优化使用和搜潜训练奠定了基础。文献[32]通过对空间感兴趣区域磁场模型的建立,与飞行轨迹方程进行联合求解,得出不同轨迹下的磁感应强度曲线,从而提出了一种基于空间磁场模型的航空磁探测分析方法。谭安胜等[33-36]对反潜巡逻机使用声呐浮标搜潜的相关问题进行了研究,提出了新的思路和方法。其中,文献[33]提出反潜巡逻机使用声呐浮标对潜区域搜索时,必须将布设浮标阵、监听浮标阵以及布阵与听阵之间的关系综合一体考虑的观点,并提出了反潜巡逻机使用声呐浮标对潜区域搜索的"两类三种"搜索方法,然后主要研究了布听异步搜索方法。文献[34]针对反潜巡逻机使用声呐浮标巡逻搜索得到接触后如何对接触进行识别的问题,建立了线列阵得到接触后的态势分析模型,并基于该模型给出了借助浮标对接触进行识别的两种方法,为反潜巡逻机巡逻搜索得到接触后的行动提供了理论与方法依据。文献[35]针对如何提高反潜巡逻机巡逻搜索效率的问题,提出了标准单列阵和标准复列阵的概念,构建了标准单(复)列阵参数确定模型,并给出了多机协同布设单列阵的"两类四种"方法和综合布设复列阵的方法,为反潜巡逻机巡逻搜索筹划提供了方法依据。文献[36]提出了当反潜巡逻机使用声呐浮标对潜巡逻搜索时,必须将布设线列阵、监听线列阵、布阵与听阵之间的关系综合一体考虑的观点;建立了单(复)列阵搜索态势和复列阵优化配置分析模型,提出了"两类六种"声呐浮标巡逻搜索方法,为反潜巡逻机声呐浮标巡逻搜索提供了理论与技术基础。文献[37]~[40]对反潜巡逻机搜潜效能评估进行了研究。其中,文献[37]提出了一种基于云理论和组合赋权方法的反潜巡逻机搜潜效能评估方法。文献[38]提出了基于多基地声呐的反潜巡逻机检查搜潜方法,并利用声波衰减原

第1章 绪 论

理和 TOL 算法进行多基地搜索概率和 GDOP 定位精度的仿真，对反潜作战具有一定的军事意义。文献［39］提出了采用反潜巡逻机应召布放多基地声呐阵的方法，利用多基地声呐的优势建立反潜巡逻机应召布放圆形、方形、三角形多基地声呐浮标阵搜潜模型，依据声波衰减原理，MATLAB仿真初始距离、潜艇初始概略分布、潜艇经济航速、布放半径和被动浮标布放个数对各方案搜潜效能的影响。文献［40］建立了三种反潜巡逻机应召布放多基地声呐浮标拦截阵搜潜模型，采用 MATLAB 仿真了初始距离、潜艇初始概略分布、潜艇经济航速、潜艇初始概略航向、潜艇航向分布、布放距离和被动浮标布放个数对各方案搜潜效能的影响，对反潜作战具有一定的军事意义。文献［41］在分析现代航空反潜搜潜决策过程的基础上，利用条件互信息最大化的特征选择算法筛选出满足假设条件的有效特征，提出了基于朴素贝叶斯的辅助决策模型，符合反潜巡逻机的典型搜索方式。文献［42］提出了基于灰色关联决策和组合赋权方法的反潜巡逻机搜潜决策方法，采用灰色关联系数的客观权重极大熵模型法求取客观权重，用专家意见的模糊层次法得出主观权重；然后联合主观权重和客观权重，通过博弈论的组合赋权法得出组合权重；最后采用灰色关联度的决策方法得出最佳方案。文献［43］采用 DEA/ANP 方法研究了声呐浮标搜潜方案决策方法，是声呐浮标搜潜方案选择的新方法。文献［44］设计并建立了反潜巡逻机浮标搜潜系统的结构体系以及系统框架结构，通过 HLA/RTI 分布式交互仿真系统进行了仿真，构成符合反潜巡逻机浮标搜潜战术实际运用的环境空间，从而使得仿真效果更贴近实际。

虽然国内对反潜辅助决策系统的研究起步较晚，但是近年来发展迅速，已取得一些成果，例如，运-8 反潜巡逻机搭载的反潜辅助决策系统。在此将反潜辅助决策系统相关理论研究成果加以综述，以备借鉴之用。文献［45］研究了指挥控制系统的决策支持需求以及军用决策支持系统的体系结构等问题。文献［46］研究了现代水面舰艇反潜作战决策支持系统，提出了系统的基本框架。文献［47］研究了基于模糊综合评估的指挥控制效能评估模型，并通过对水面舰艇指挥控制效能综合定量分析和计算验证了模糊综合评估模型。文献［48］应用神经网络和模糊理论对潜艇指挥决策控制系统进行了仿真研究，给出了适合潜艇指挥决策控制特点的模糊神经网络结构,建立了基于模糊神经网络的潜艇智能指挥决策模型。文献[49]研究了潜艇作战指挥辅助决策系统的总体要求、主要功能及技术实现等问题,重点讨论了专家系统技术在作战指挥辅助决策中的具体应用。文献[50]对模糊决策理论应用于海军航空反潜指挥辅助决策系统进行了探讨。文献[51]~[53]对反潜巡逻机航空反潜指挥决策辅助系统设计的关键技术进行了研究,并对基于模糊决策和 DEA 方法的反潜指挥决策辅助系统进行了总体方案设计。文献[54]设计了反潜辅助决策系统的结构框架,并对每一部分的组成和工作过程进行了详细讨论。文献[55]认为,在反潜巡逻机搜潜过程中,需要使用搜索雷达、红外搜索仪、磁探仪、声呐浮标系统等方式进行搜潜,不同的搜潜方式决定反潜巡逻机的搜潜效能。该文献针对反潜巡逻机搜潜过程中的搜潜方式决策问题,构建了巡逻机搜潜方案评价因素指标体系,分别利用均衡三角模糊数法求主观权重和改进的 CRITIC 法求取搜潜方式的组合权重和客观权重,综合主观权重和客观权重实现组合权重,使用离差最大法对反潜巡逻机搜潜方案进行辅助决策,找出最佳搜潜方案,提高反潜巡逻机的作战效能。

国内航空搜潜装备发展及战术应用起步较晚,20 世纪 80 年代中期后才引进反潜直升机,有很长一段时间仅停留在对装备的操作使用上,对与装备使用相关的搜潜战术研究重视不够,而航空搜潜是装备、海洋环境、潜艇目标特性、搜潜战术密切结合的技术,在该方面我国与世界先进水平还存在较大差距。文献[56]、[57]对航空搜潜装备的战术运用做了简单介绍。文献[58]对航空反潜搜索区域确定模型进行优化,改进了搜索行动起始坐标,建立了反潜行动路径数学模型。文献[59]提出了一种基于对策论的舰载反潜机反潜作战兵力部署方法,可为舰载反潜机反潜作战提供量化参考和实践依据。文献[60]针对潜艇技术发展导致单架反潜机反潜越来越难的情况,研究多架反潜机协同反潜作战任务与流程、基本协同方法、主要协同方式等重要问题,提出并探讨其涉及的协同子区域划分、协同作战时间的统一与校准、协同动作的一致性等关键问题,可为反潜机协同反潜作战研究提供重要的理论及应用参考。文献[61]为了快速有效地根据潜艇初始信息确定其可能的散布海区,并选择合适的浮标布设方式进行搜寻,推导了不同情况下潜艇的散布情况，分析了海洋环境噪声对声呐浮标探测范围的影响，建立了浮标圆形阵和覆盖阵的布设模型，从而能够快速准确地为反潜人员进行指挥决策提供有力的支撑。文献［62］采用统一建模语言对固定翼飞机应召反潜过程进行概念建模，建立了攻击潜艇的任务模型、潜艇规避鱼雷的动作模型和固定翼飞机的交互模型，描述了固定翼飞机应召反潜的仿真过程活动图，可为固定翼飞机应召反潜仿真研究打下基础，使军事和仿真工程等不同领域的人员对固定翼飞机应召反潜仿真的理解和认识达成一致。文献［63］针对航空反潜的作战需求，对声呐浮标搜潜系统的工作原理、组成架构和关键技术进行了阐述，开展了浮标减速降落及无线电信号余量计算分析，说明了声呐浮标水下声系统的结构设计，介绍了声呐浮标处理系统的目标识别、目标定位和辅助决策等功能模块的设计。

1.3 目前反潜巡逻机搜潜存在的主要问题

1.3.1 目前单架反潜巡逻机搜潜存在的主要问题

平时，航空反潜作战行动一般包括展开、搜潜、识别跟踪、必要时驱潜和返航 4~5 个阶段；战时，航空反潜作战行动一般包括展开、搜潜、识别攻击和返航 4 个阶段。无论在平时还是在战时，搜潜都是反潜作战的首要目的，是驱潜或攻潜的前提。我国反潜巡逻机装备了多种搜索潜艇的器材，这些器材各有优点但也存在不足。例如：普通雷达（非合成孔径雷达）仅能探测深度小于潜望深度的潜艇；红外探测仪、废气探测仪、电场分析仪、激光探测仪仅能探测较浅深度的潜艇；磁探仪探测潜艇距离近；声呐浮标阵位置确定，为了识别跟踪目标潜艇，往往不得不根据判断的目标潜艇机动方向和机动速度等参数布放数个浮标阵。随着目标潜艇利用水声环境隐藏、水下机动能力的提高（尤其是美国、日本的潜艇声和非声隐蔽性很强，美国核动力潜艇的机动性高），加之海洋水文环境的复杂性和不确定性，无论是单架反潜巡逻机使用单一探潜器材，还是单架反潜巡逻机使用多种探潜器材，搜索发现跟踪目标潜艇的概率都较低。近些年来,"单机单部探潜装备(系统)"或者简单的"单机多部探潜装备(系统)"等现有模式已很难适应现代航空反潜战。随着反潜作战空间呈现四维时空性(即包括作战海域和潜艇活动空间的立体性,以及时间维度潜艇运动引起的位置变化),影响搜潜效能的因素较多,需要多机使用单部、多部探潜装备(系统)搜潜并配合各种战术行动才能达成搜潜作战的目的,这增加了反潜作战指挥员自主决策的复杂性,使得实施有效搜潜作战变得越来越困难。

1.3.2 目前反潜巡逻机搜潜决策存在的主要问题

目前对反潜巡逻机搜潜决策问题的研究较少,对反潜巡逻机协同搜潜决策的研究更少见,从现有的资料来看,尽管已经有了大量其他作战平台的智能决策研究工作,但是在复杂的海洋环境下,信息不确定等约束条件给反潜巡逻机协同搜潜决策带来何种影响及影响程度等问题,仍需要更深入的研究。

1. 决策指标的冗余问题和相关性问题

在反潜巡逻机协同搜潜决策过程中能否快速高效地进行决策,其决策指标选取过程的冗余问题和相关性问题亟待解决。

2. 具有不确定性的态势评估问题

态势评估是决策的关键一环,目前很多学者从不同角度对其他平台的态势评估问题进行了研究,提出了许多有益的思路。然而,目标潜艇的特殊性、海洋环境的复杂性使得反潜巡逻机的协同决策不同于其他作战平台,其他平台所使用的方法并不能完整地描述海洋环境、自身状态、作战任务执行效果等条件约束的反潜巡逻机协同搜潜目标态势评估过程,所以对于受不确定性条件约束的反潜巡逻机协同搜潜目标态势评估仍需进一步研究,其受多条件约束的模型算法仍然具有提升的空间。

1.4 主要研究内容和思路

针对反潜巡逻机协同搜潜研究现状以及协同搜潜过程中面临的不确

第1章 绪 论

定性等问题，本书主要研究了双/多反潜巡逻机协同搜潜方法、目标态势评估方法和智能决策方法。主要工作和内容安排如下：

第2章，探讨反潜巡逻机协同搜潜作战环境和作战对象，分析水文环境，并分析声速梯度和海洋噪声环境的影响，探讨目标潜艇的位置散布模型和目标潜艇的运动模型，为第5章、第6章的建模仿真提供理论。

第3章，研究双/多反潜巡逻机协同搜潜方法。设计双/多反潜巡逻机协同搜潜总体方案——分为自主模式和长僚模式。在自主模式基础上，对双/多反潜巡逻机协同搜潜研究根据任务和形势进行区分，从反潜巡逻机在指定的海域搜索、反潜巡逻线搜索和应召搜索三方面分析研究。而且，给出反潜巡逻机协同搜潜发现潜艇的概率，为第5章、第6章的建模仿真提供数据。

第4章，采用云贝叶斯方法研究双/多反潜巡逻机自主模式协同搜潜目标态势评估问题。针对战场态势变化迅速、存在大量不确定性的问题，引入云理论和贝叶斯网络，建立反潜巡逻机协同搜潜目标态势评估模型，推断敌方作战意图，形成战场态势，为反潜巡逻机协同搜潜指挥决策提供重要依据。

第5章，针对不确定条件下双/多反潜巡逻机自主模式协同搜潜最优决策时决策指标的相关性问题，引入模糊测度与模糊积分理论，提出一种适用于反潜巡逻机协同搜潜的智能决策方法。在选出最优方案的同时，解决决策过程中决策指标的相关性问题，从而提高算法的实用性和有效性。

第6章，针对不确定条件下双/多反潜巡逻机自主模式协同搜潜最优决策时决策指标的相关性问题和冗余问题，分别采用贝叶斯粗糙集和模糊测度、模糊积分理论。在第5章的基础上，利用模糊测度、模糊积分解决指标相关性问题的同时，采用贝叶斯粗糙集的知识简约方法挑选关键特征指标，解决数据的冗余，提高算法的收敛速度，从而提高算法的最优性和实时性。本方法解决了指标的冗余和相关性问题，所选出的最优方案更具有实际意义。

第7章，对全书的工作进行总结，并提出在后续工作中需要进一步研究的重点和难点。

本书的章节布局和整体研究思路如图1-1所示。

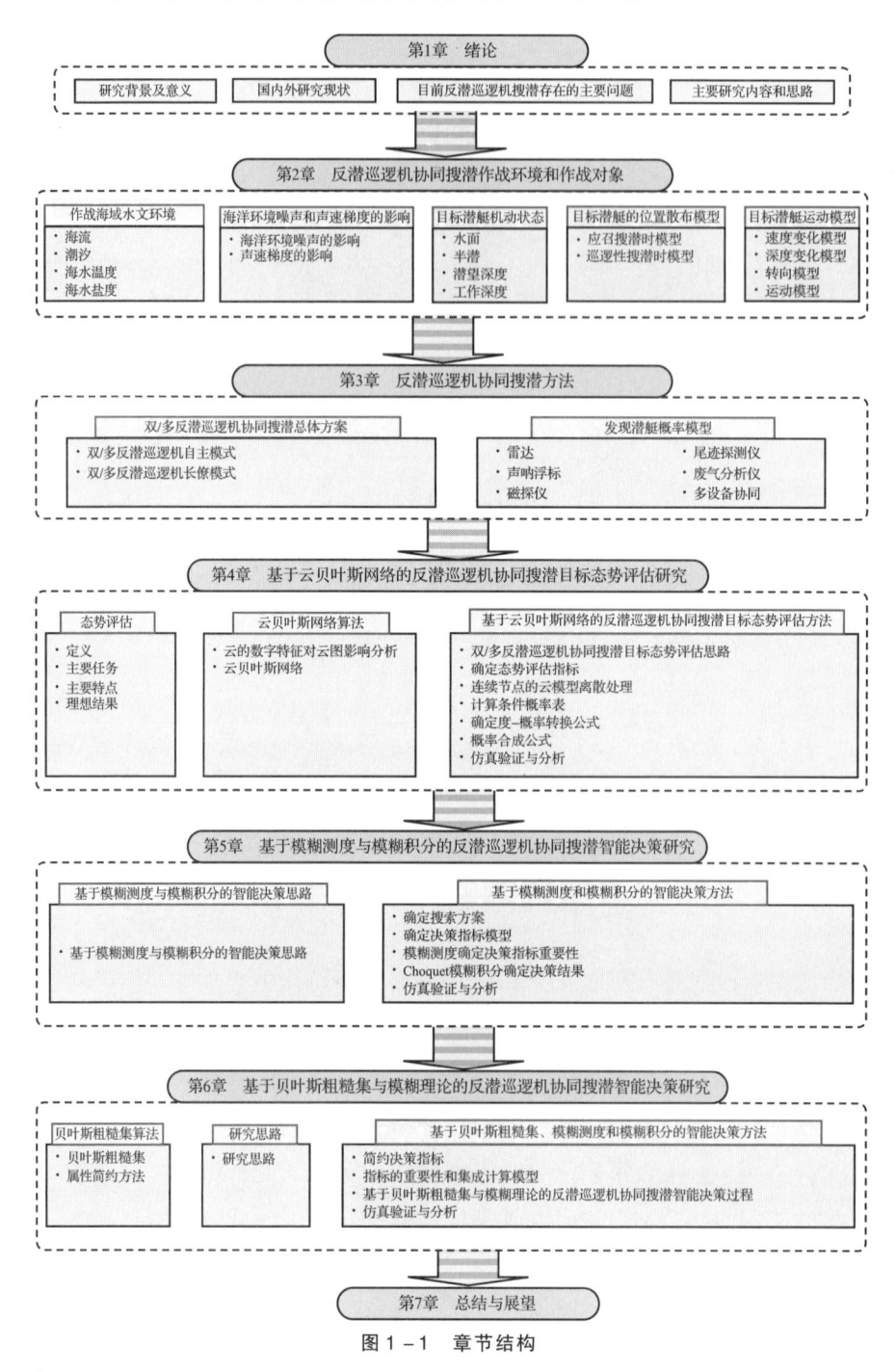

第1章 绪论
- 研究背景及意义
- 国内外研究现状
- 目前反潜巡逻机搜潜存在的主要问题
- 主要研究内容和思路

第2章 反潜巡逻机协同搜潜作战环境和作战对象

作战海域水文环境
- 海流
- 潮汐
- 海水温度
- 海水盐度

海洋环境噪声和声速梯度的影响
- 海洋环境噪声的影响
- 声速梯度的影响

目标潜艇机动状态
- 水面
- 半潜
- 潜望深度
- 工作深度

目标潜艇的位置散布模型
- 应召搜潜时模型
- 巡逻性搜潜时模型

目标潜艇运动模型
- 速度变化模型
- 深度变化模型
- 转向模型
- 运动模型

第3章 反潜巡逻机协同搜潜方法

双/多反潜巡逻机协同搜潜总体方案
- 双/多反潜巡逻机自主模式
- 双/多反潜巡逻机长僚模式

发现潜艇概率模型
- 雷达
- 声呐浮标
- 磁探仪
- 尾迹探测仪
- 废气分析仪
- 多设备协同

第4章 基于云贝叶斯网络的反潜巡逻机协同搜潜目标态势评估研究

态势评估
- 定义
- 主要任务
- 主要特点
- 理想结果

云贝叶斯网络算法
- 云的数字特征对云图影响分析
- 云贝叶斯网络

基于云贝叶斯网络的反潜巡逻机协同搜潜目标态势评估方法
- 双/多反潜巡逻机协同搜潜目标态势评估思路
- 确定态势评估指标
- 连续节点的云模型离散处理
- 计算条件概率表
- 确定度-概率转换公式
- 概率合成公式
- 仿真验证与分析

第5章 基于模糊测度与模糊积分的反潜巡逻机协同搜潜智能决策研究

基于模糊测度与模糊积分的智能决策思路
- 基于模糊测度与模糊积分的智能决策思路

基于模糊测度和模糊积分的智能决策方法
- 确定搜索方案
- 确定决策指标模型
- 模糊测度确定决策指标重要性
- Choquet模糊积分确定决策结果
- 仿真验证与分析

第6章 基于贝叶斯粗糙集与模糊理论的反潜巡逻机协同搜潜智能决策研究

贝叶斯粗糙集算法
- 贝叶斯粗糙集
- 属性简约方法

研究思路
- 研究思路

基于贝叶斯粗糙集、模糊测度和模糊积分的智能决策方法
- 简约决策指标
- 指标的重要性和集成计算模型
- 基于贝叶斯粗糙集与模糊理论的反潜巡逻机协同搜潜智能决策过程
- 仿真验证与分析

第7章 总结与展望

图1-1 章节结构

第 2 章
反潜巡逻机协同搜潜作战环境和作战对象

2.1 引　言

反潜巡逻机利用搜潜设备进行协同搜潜作战，主要在海水介质中展开。然而，光波和电磁波在海水下衰减迅速，海水中的量子通信在目前尚处于实验阶段。因此，目前声波是唯一能够在海水介质中进行远距离传播的有效信息载体。作为声波传输信道的海洋水声战场环境是复杂且多变的，各种海洋环境噪声干扰、水声信道对信号的影响都影响着反潜的作战效能。因此，准确分析海洋作战环境不仅有利于提高反潜作战指挥员感知战场环境的能力，最大限度地发挥反潜巡逻机搜潜设备的作战效能，更有利于建立与海洋环境最佳匹配的搜潜模型。

搜潜设备搜潜作战不仅受限于海洋水声环境，还受到潜艇运动状态、辐射噪声、目标强度及性能指标等因素的影响，统称为潜艇目标特性[63]。在熟识搜潜设备性能指标及掌握海洋水声环境的条件下，只有了解潜艇目标特性，才能正确预判当前作战态势下我方搜潜设备的性能，掌握战场敌情、我情、海情信息，从而最大限度发挥搜潜效能。

2.2 反潜巡逻机作战海域水文环境

作战海域的水文、地理及气象条件等海洋环境信息对反潜巡逻机搜潜设备的使用影响很大。目前，现有海洋环境资料数据库中的资料可以实现海流观测、温盐观测等各种类型 30 多种仪器的水文气象资料的处理，并可以实现包括海流、温盐、海浪等 39 种资料要素图的编辑与绘制等[64-66]。虽然现在已投入使用多套软件，但还存在信息传输渠道少、保障人员信息应用能力差、远海水文气象调查力度不够等问题。能否掌握和有效利用作战海区的海洋环境信息、获取实时参数，并及时提供相关预报数据和历史数据，直接关系到搜潜作战的成败，是协同搜潜辅助决策的关键一环。

2.2.1 海流

海流[67]通常是指海水较大规模相对稳定的流动，世界大洋自表至底都存在海流，其空间和时间尺度是连续的。我国近海海域的海流可分为两大系统[67-70]——外来的黑潮暖流、海域内生成的沿岸流和季风漂流。东海海流主要包括黑潮暖流、台湾暖流、对马暖流、东海沿岸流。黄海及渤海海流主要包括黄海暖流、黄海沿岸流。南海海域的海流较为复杂：以往认为，从表层至 200 m 深处的上层水体都在季风的制约下流动，夏季东北漂流，冬季西南漂流；后来发现，在广东外海冬季期间，海流由东北流向西南并非总体都是如此，在较深的水深处，有一狭窄的逆风向海流，且流速较大[67-71]。

2.2.2 潮汐

潮汐系统主要由太平洋传入的潮波引起的振动和日月引潮力形成的独立潮合成，以前者为主。潮汐的类型很复杂。

海区形态与海底地形比较复杂，潮汐性质在各海区都不相同，渤海、黄海、东海以半日潮为主，南海则以全日潮为主[67]。渤海沿岸以不正规半日潮和正规半日潮为主，辽东湾、渤海湾、莱州湾为不正规半日潮[67-70]；龙口至蓬莱一带属正规半日潮，秦皇岛以东和神仙沟附近属正规全日潮，黄河口两侧为不正规全日潮[67-70]。黄海沿岸基本上属于正规半日潮，威海至成山头和靖海角、连云港外为不正规半日潮。东海大陆沿岸除宁波至舟山之间海域为不正规半日潮外，其余为正规半日潮。台湾西岸从基隆至布袋为正规半日潮，其余为不正规半日潮。南海沿岸以不正规半日潮和不正规全日潮为主，其中汕头至海门、珠江口至雷州半岛东部、海南东北部、南海诸岛为不正规全日潮。雷州半岛南段和广西沿海为正规全日潮[67-71]。

2.2.3　海水水温

表层海水温度分布[67-71]受纬度、海岸与海区形态、海流与潮汐、气象变化等因素影响，变化比较复杂，具有随机性，借助于统计计算可以得出其平均分布状况。海域水温的年均值：渤海约12 ℃，黄海约16 ℃，东海约22 ℃，南海约26 ℃。

渤海水温[67-71]受大陆的影响最大，水温季节变化最大。冬季，渤海在四个海区中温度最低，尤以辽东湾最甚；即使渤海中部至海峡附近相对较高，也不过1～2 ℃。由于渤海水浅，对气温的响应较快，故1月水温比2月还低，三大海湾顶部的水温均低于0 ℃，往往在1—2月出现短期冰盖。总体而言，水温自中部向周边递减，东高西低，沿岸浅水区每年均有短期结冰现象；夏季表层水温升高，水温年较差大，约达22～26 ℃。

黄海水温分布的突出特征是暖水舌从南黄海经北黄海直指渤海海峡，其影响范围涉及黄海大部分海域。当然，随着纬度的升高和逐渐远离暖水舌根部，水温也越来越低，即从14 ℃降到2 ℃。在东西两侧，因有冷水沿岸南下，其水温明显低于同纬度的中部海域的水温。黄海的平均最低水温分布于北部沿岸至鸭绿江口一带，为－1～0 ℃，近岸常出现程度不同的冰冻现象。夏季，渤海和黄海大部分海域的水温为24～26 ℃。浅水区和岸边的水温较高，连云港和塘沽海洋站曾测报31 ℃和33 ℃。

1990年7—8月，济州岛西南海域曾出现异常高温。然而，在某些特定海域，如辽东半岛和山东半岛顶端，却出现明显的低温区；朝鲜西岸低温区更显著，大同江口附近甚至可低达20℃。总体而言，黄海受黄海暖流影响，冬季等温线呈舌状分布，水温自南向北、自中部向近岸递减；夏季表层水温升高，水温年较差为15~24℃[67-71]。

东海中西部为东海沿岸流与台湾暖流交汇处，在大陆架范围内，水温状况易受大陆的影响；东部深水区为黑潮主干通过之处，水温状况终年受黑潮暖流控制。冬季，东海表层水温分布的明显特点为西北低、东南高，所以等温线基本上都呈西南-东北走向。高温区在黑潮流域，暖水舌轴处的水温可高达22~23℃；杭州湾附近却低达5~7℃，长江口外可达5℃以下。大致沿东经124°向北，受台湾暖流水影响，有暖水舌指向长江口外。东海东北部也有暖水舌向北及西北方向伸展，通常认为这是对马暖流水和黄海暖流水扩展的迹象。在北伸的台湾暖流水和黄海暖流水暖水舌之间，有明显的冷水舌指向东南，即所谓"黄海冷水南侵"的结果。夏季，各海区表层水温的分布比冬季均匀得多，东海和南海比渤海、黄海更均匀，绝大部分海域的水温为28~29℃[67-71]。

南海表层水温高且分布较均匀，尤其是广阔的中、南部海域，水温都在24~26℃上下，水平梯度很小。北部近岸海域水温稍低，粤东沿岸因有来自台湾海峡的低温沿岸流，该海域的月平均表层水温可下降到15℃左右。然而，这一带海域表层的年平均水温（22.6℃）仍然比渤海、黄海、东海高得多。总体而言，南海位于热带，终年高温，年际变化小，海域水温的年均值约26℃[67-71]。

2.2.4 海水盐度

海水盐度的分布和变化主要取决于入海河川径流量的大小、海流的性质和强弱，其次还受蒸发量和降水量的影响。盐度的空间分布具有的特点有：表层低，下层高；近岸低，外海高。盐度值由北向南、自近岸向外海逐渐增大。盐度季节变化具有夏季偏低、冬季偏高，近岸区表层盐度季节变化最大的特点。[67-71]

我国近海海区盐度平均值[70-71]：渤海约30‰；黄海约31‰；东海

为 33‰~34‰；南海在 34‰以上。

渤海盐度最低，海区盐度的分布与变化主要取决于沿岸流水的消长。黄海盐度受黄海暖流影响，随着黄海暖流的向北深入，自南向北盐度逐渐下降。东海盐度分布主要取决于高盐的黑潮暖流及低盐的沿岸冲淡水的作用。南海位于热带，终年高温，盐度最高。

2.3 海洋环境噪声和声速梯度的影响

2.2 节介绍的水文环境各要素对反潜巡逻机反潜作战均有直接影响，海洋环境噪声、声速梯度体现了其综合影响。

2.3.1 海洋环境噪声的影响

海洋环境噪声复杂多变，与海域位置、水听器的位置、近区和远区的气象条件及频率有关。浅海和深海都存在背景噪声对水声设备探测潜艇的干扰，其最大的区别是背景噪声的强度，以及海洋生物和海面波动造成的杂波干扰[72]。在海洋中有许多噪声源，包括潮汐、湍流、海面波浪风成噪声、生物噪声、航船及工业噪声等。噪声的性质与噪声源有密切关系，在不同的时间、深度和频段有不同的噪声源。通常用环境噪声级描述环境噪声。水声信道的噪声是准高斯分布的。不同的声源有不同的带宽和噪声级，且随时间和空间变化。在 20 Hz 以下，主要噪声源为海洋湍流、地震和潮汐；20~500 Hz，主要为交通噪声；500 Hz~50 kHz，主要噪声源为海浪及其破碎的浪花；在 50 kHz 以上，主要为海水分子运动的热噪声[63]。与深海环境噪声比较确定的情形不同，浅海环境噪声比较强。在浅海信道，生物活动和沿岸工业也是信道的噪声源。而且，噪声随着时间、地理位置、行船密度和天气的变化产生显著变化。因此，浅海信道是时变、空变严重的噪声信道。对于远程水声通信系统，频率选择一般集中在 1~10 kHz 之间。海洋环境噪声的信噪比（SNR）为

$$\text{SNR} = S_L - T_L - N_L \geq D_T \tag{2-1}$$

式中，S_L——声源级；

T_L——传播损失；

N_L——噪声级；

D_T——检测阈。

声源级 S_L 是指沿声轴距发射换能等效中心 1 m 处，换能器所产生的声压级或声强级，单位为 dB，其计算公式为

$$S_L = 10\lg \frac{P(r)}{4\pi \times 0.67 \times 10^{-18}} \qquad (2-2)$$

式中，r——计量点到发送节点处的等效中心距离，距离发送节点 1 m 处的声强级即 $r = 1$ m；

$P(r)$——节点最大发射功率。

传播损失 T_L 是指距声源 1 m 处的声强级与传递到目标所在位置的声强级之差，单位为 dB，T_L 的计算采用工程上常用的公式：

$$T_L = 10\lg r + 10\lg r_t + \left(\frac{0.11 f^2}{1+f^2} + \frac{40 f^2}{4100+f^2} + 2.75 \times 10^{-4} f^2 + 0.003 \right) r \times 10^{-3}$$
$$(2-3)$$

式中，f——频率，Hz；

r_t——过度距离，m，

$$r_t = \frac{D_s + D_r}{4} \sqrt{\frac{2c_{\max}}{\Delta c}} \sqrt{\frac{D_s}{Z_s}} \qquad (2-4)$$

式中，D_s——声道轴与信道上边界的距离，m；

D_r——声道轴与信道下边界的距离，m；

$c_{\max}$——信道中的最大声速，m/s；

Δc——信道中最大声速与最小声速的差值，m/s；

Z_s——发送节点与信道上边界的距离，m。

噪声级 N_L 是指接收水听器输入的噪声声强级（单位为 dB），采用湍流、船舶噪声、海浪及热噪声 4 个噪声源进行仿真建模，假设 f 是频率（单位为 kHz），w 是风速（单位为 m/s），D 是船舶活动因子，根据活动频繁程度由低到高在 0~1 之间取值，则噪声谱级计算如下：

$$N_L = N_{L,wind} + N_{L,thermal} + N_{L,ship} + N_{L,turbulence}$$

$$= 82 + 36\lg f + 7.5\sqrt{w} + 20D - 40\lg(f+0.4) - 60\lg(f+0.03)$$

(2-5)

式中，

$$N_{L,wind} = 50 + 7.5\sqrt{w} + 20\lg f - 40\lg(f+0.4) \quad (2-6)$$

$$N_{L,thermal} = -15 + 20\lg f \quad (2-7)$$

$$N_{L,ship} = 40 + 20(D-0.5) + 26\lg f - 60\lg(f+0.03) \quad (2-8)$$

$$N_{L,turbulence} = 17 - 30\lg f \quad (2-9)$$

检测阈 D_T 是指在水听器输出端完成特定职能所需要的最小信号和干扰功率级差，单位为 dB。

基于海洋环境噪声级 N_L 与频率 f 和海况的影响经验公式[9]进行仿真，分析海洋环境噪声对主被动声呐浮标作用距离的影响，如图 2-1、图 2-2 所示。由图可知，海洋环境对主被动声呐浮标作用距离的影响很大。因此，能否充分利用海洋环境条件，关系到搜潜设备能否及时、有效地发现潜艇目标。

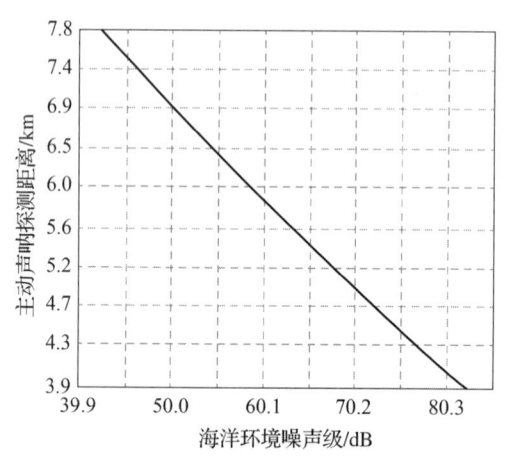

图 2-1 海洋环境噪声级与主动声呐浮标作用距离的关系

2.3.2 声速梯度的影响

声速是一个非常重要的海洋环境要素，它决定声波的传播路线，并影响其他声学现象。声线在传播时不断改变路线，向速度更慢的方向折

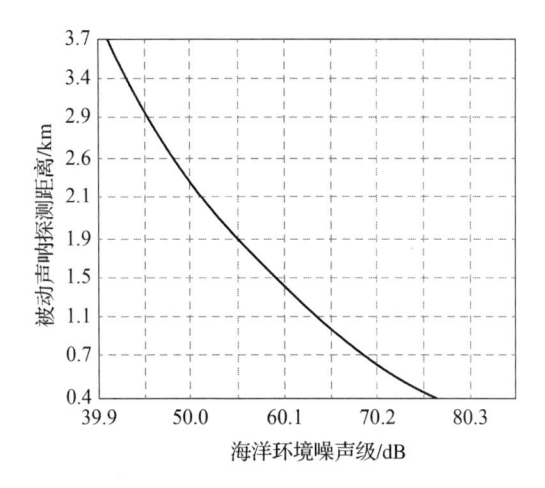

图 2-2　海洋环境噪声级与被动声呐浮标作用距离的关系

射。海水的物理性质有垂直分布的特点，将声传播速度发生极大变化的水层称为声跃变层。声速剖面结构对声传播路线的影响有直线、向海底偏转、向海面偏转、分裂衍射和声道传播等模式。声波以"向海面偏转"和"声道传播"模式传播时，通过反复折射和反射，声波被束缚在声道和近海面区域，形成声道效应和海面波导效应。通常把声波在海洋环境下所呈现的普遍和异常变化特征称为水声环境效应。海洋水声环境是比大气更具地域性、更多变且参数变化值更大的复杂环境。海洋中的跃层、锋面、内波、中尺度涡旋、海底地形、海底底质等对声传播都会造成强烈影响。水声装备效能在复杂海洋环境中都将产生或强或弱的不稳定变化，甚至导致声呐系统出现盲区或弱视区，严重影响声呐的远程探测。

海洋条件复杂多变，声传播损失不仅随距离变化，而且随深度变化，这就意味着声呐浮标工作时，在不同深度的探测距离是不一样的。根据不同的实际海洋环境，将浮标换能器基阵置于最合适的深度进行工作，才能发挥其最大的探测能力。海洋环境对声呐浮标作用距离的影响主要表现在声速梯度、海区深度、海底底质和海况等方面。在等温层或弱负梯度层环境下，声波基本为直线传播，声波能量在空间分布比较均匀，此时声呐作用距离只取决于声呐系统本身和目标声学特性[73]。但在非良好水文条件下的声波不是直线传播，声波能量在空间也不是均匀分布的，这时声呐系统作用距离还与声速梯度、声呐深度和目标深度有必然关系，其中声速梯度对作用距离的影响最大[74]。

在第二次世界大战中,某些声呐操作员发现,声呐设备的探测距离随季节和一天中的早、中、晚都会发生变化[75]。这种现象被称为午后效应,主要是因为声波传播的速度与水温有关。水温升高1℃,声速增加4.5 m/s[76];下午阳光的直射使得上层5~9 m深的海水温度上升1~2℃;而下层海水的温度随深度增加而迅速降低。这就造成图2-3所示的反声道型声速梯度模式。根据SHELL定律[77],声线传播时弯向声速较低的一面,由于声线弯曲,因此声呐的探测距离受到限制。当声速按负梯度分布时,声线向海底方向弯曲,造成的声影区如图2-3所示。由图可知,当潜艇位于声影区时,即使距离声源很近,声呐也难以发现潜艇。当潜艇位于海水上层时,有利于发挥声呐设备的最大效能[63]。

图2-3 声线传播特性示意图

声速梯度类型对声传播有很大影响,它决定了海洋中的声传播特性。根据文献[73]、[74],在此假定声速剖面是线性分层的,将声速剖面垂直分布划分为6种类型,如图2-4所示。这6种类型从理论原则上进行分类指导,具有理论指导意义。但是这些类型只是理论上的抽象分类,在实际的海洋环境中,声线剖面可能更复杂,所以在实际使用中需要结合具体的海域水声环境特点来确定具体的声速类型。

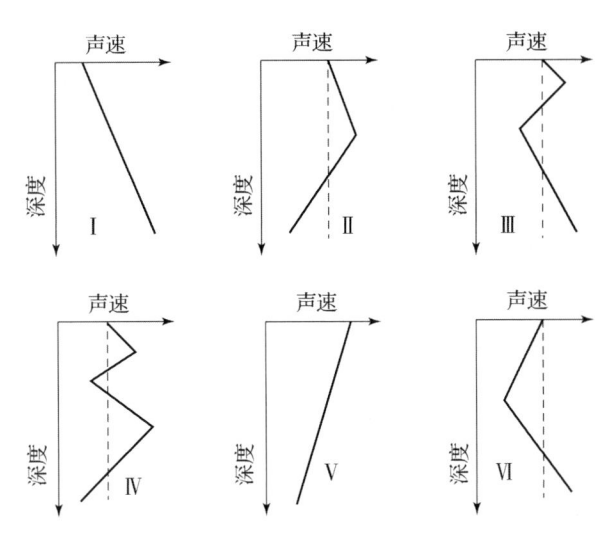

图 2-4 声速剖面垂直分布类型示意图

Ⅰ型声速梯度称为正梯度,有利于浮标探测;Ⅱ型声速梯度称为反声道,有利于浮标探测位于正梯度层的潜艇,但不利于浮标探测位于负梯度层的潜艇;Ⅲ型和Ⅳ型声速梯度称为跃变层,当浮标和潜艇位于跃变层的上下不同位置时,将极度不利于浮标的探测;Ⅴ型声速梯度称为负梯度,不利于浮标探测;Ⅵ型声速梯度称为声道,有利于浮标探测位于声道轴附近的潜艇[63]。在中纬度的深海海洋环境中,可能出现Ⅲ型和Ⅳ型声速垂直剖面;在两极海域,可能出现Ⅰ型声速垂直剖面;其他类型基本不出现在深海海洋环境中[73]。在浅海环境,这6种类型都可能出现,但与深海环境相比,声速梯度小很多。我国近海区域属于浅海反潜海区,声速梯度的特点有明显的季节性。一般而言,冬季出现微弱的正梯度,即Ⅰ型声速梯度;夏季出现温跃层,即Ⅱ、Ⅲ、Ⅳ、Ⅵ型声速梯度;冬春之交出现负梯度,即Ⅴ型声速梯度。判断所处海域声线剖面类型更为准确的方法是根据海区声线剖面历史数据进行分析。

在海洋表面,受海面的冷热交换和风浪的搅拌作用,在海洋表面以下一定深度内的水温基本不变,形成混合层;混合层的深度在不同的海域各不相同,对应到声线剖面上,由于水温不变,因此海水的声速主要受压力的影响,随深度增加而缓慢增大,形成一个声速梯度为正梯度的声学层,该层的最大深度称为声学层深度[73]。在混合层下,随着深度的增加，水温急剧降低，形成温跃层，对应的声线剖面上出现一个负梯度的声速层。随着深度的继续增加，到一定深度，海水上下层的热量交换基本达到平衡，水温基本不变直至海底，形成深海等温层，反映在声线剖面上，受海水的静压力影响，声速随深度增大[73]。当声呐浮标的换能器置于等温层中（或者表面混合层中，或者深海声道轴附近）时，换能器可以获得最大的作用距离。实际上，换能器的工作深度是可以选择的。由于声速梯度的分布和声呐处于不同的深度，所以声呐发出的声线中只有一部分声线通过海水中的某一个局域范围。因此，声线轨迹图上声线密度较大的区域，传播到的声能量较大，传播损失较小；反之，在声线密度较小的区域，传播到的声能量较小，传播损失较大[78]。在其他条件不变的情况下，某一点的传播损失越小，那么声呐就越容易发现该处的目标。因此，通过声线轨迹图可以指导给出声呐浮标的最佳工作深度。根据声速垂直分布情况，合理地选择浮标换能器的工作深度将极大影响搜潜效果。但是，换能器的最佳工作深度并非仅由介质的声速垂直分布决定，它还与潜艇所在的深度有关。换能器最好与潜艇大致在同一深度，这样，不管潜艇在均匀层上还是在声道中，都能获得比较好的探测效果。

2.4 目标潜艇机动状态

我国反潜巡逻机协同搜潜的主要作战对象是敌潜艇，当然，在我国组织的反潜训练或演习中，搜潜的对象是我方或友方的潜艇，本书中将其统一称为目标潜艇。在垂直面，潜艇的机动状态可以分为水面航行状态、半潜航行状态、潜望深度航行状态、工作深度航行状态等[53]。

1. 水面航行状态[53]

水面航行状态是指潜艇在水面，并可随时潜入水下的航行状态。该机动状态主要用于潜艇靠离码头，进出基地，通过浅水区和狭窄水道，以及短距离航渡和战时艇体破损情况下航行等。在常规动力潜艇必须充电，而海况条件又不允许在通气管状态航行的情况下，也可采用此种航行状态。

2. 半潜航行状态[53]

半潜航行状态是指潜艇耐压艇体基本淹没，部分上层建筑尚露出水面，可随时潜入水下或上浮水面的航行状态。这是潜艇下潜、上浮过程中的一种过渡状态，主要用于下潜过程中检查艇体密闭情况，上浮时利用低压气排出压载水舱的水，以及进行必需的检修等。此时，潜艇储备浮力很小，稳性下降，适航性能降低，只有在海浪不超过三级时，才允许以低速航行。

3. 潜望深度航行状态

潜望深度航行状态是指潜艇可在水下使用潜望镜时所处的航行状态，主要用于升起和使用各种升降装置，保证潜艇在水下进行观察、测位、导航、通信联络和实施攻击等。常规动力潜艇可在此状态升起通气管后，使用柴油机在水下航行，进行充电、通风，故又称为通气管航行状态。由于各种潜艇的升降装置高度不同，潜望深度航行状态距水面深度亦不同，一般常规动力潜艇为 7～10 m，核动力潜艇为 9～15 m。处于潜望深度航行状态的潜艇所使用的升降装置顶端露出水面，易暴露，隐蔽性较差，且艇体距水面较浅，有与水面舰船发生碰撞的危险，需做好随时下潜至工作深度航行的准备[53]。

4. 工作深度航行状态

工作深度航行状态是指潜艇处于安全深度，在防止与水面舰船及冰层碰撞的深度以下和极限深度以上的水中进行自由航行的状态。在此状态，潜艇的艇体结构、机械、系统和装置均能保证长期正常工作，而且潜艇可以任意改变航向、航速、航行深度和实施机动，是最适宜潜艇在水下进行战斗活动的航行状态。

潜艇工作深度越大，水下活动的范围越大，对潜艇的机动就越有利。在大深度（约 200 m）航行时，噪声小、隐蔽性好，不易被敌方发现。核潜艇、AIP 潜艇已经具备长期处于水下航行状态的条件，核动力潜艇和常规动力潜艇均可在水下航行状态完成航渡、阵地待机、观察目标、导航、定位、发射鱼雷和导弹、布设水雷和通信联络等任务[53]。由于战术需要以及受艇体强度的限制，潜艇在水下的活动状态可能处于以下三种航行深度。

安全深度[63]：为了保证航行安全，要求潜艇离水面有一定距离，以免与水面舰船碰撞及被航空兵从空中发现，此深度称为安全深度。现代潜艇通常规定安全深度为 45~55 m。在水深较浅时，潜艇为了保持一定的机动能力，一般可能选择 25~35 m 的航深。

工作深度[63]：潜艇在正常航行过程中，所能达到的最大深度称为工作深度。在此深度，潜艇能做任意次数和长期的停留、航行。工作深度通常为 55~270 m。

极限深度[63]：通常是潜艇下潜的最大深度。在此深度，潜艇只能做短时的、有限次的停留，通常是为了回避敌方反潜平台的攻击。极限深度一般为 300~450 m。

2.5　目标潜艇的位置散布模型

潜艇的位置散布规律假设应该与反潜兵力执行的任务有关。依据在实施搜潜行动之前是否掌握目标潜艇部分信息，可将反潜巡逻机搜潜任务分为应召搜潜和巡逻检查性搜潜。其他搜潜任务是这两类的扩展，只是在任务的目的性上有所不同，但都可以归为具有或者不具有目标潜艇初始信息这两大类[53]。

2.5.1　应召搜潜时潜艇位置散布建模

反潜巡逻机应召搜潜，是指反潜巡逻机根据其他兵力（包括其他反潜飞机）、兵器得到的潜艇部分信息（通常是发现潜艇（或可疑潜艇）的时刻及其位置（初始位置）、位置误差（初始位置误差）等），前往潜艇（或可疑潜艇）存在区进行的搜索，首要目的是发现潜艇（或可疑潜艇）。

执行应召搜潜任务时，在搜索海域内某一时刻，在概略的位置上存在过潜艇的活动,但由于潜艇活动的随机性,潜艇的当前位置呈一定分布,这使得反潜兵力到达搜索区域后需要再次搜索定位。反潜巡逻机执行应召搜潜任务抵达搜索海域时,潜艇散布区域的大小主要由潜艇初始位置误差、航速、航向、应召延误的时间长短决定。潜艇的速度越快,延误时间越长,潜艇的散布范围就越大;反之,则越小。因此,应根据执行任务时所获得的潜艇初始位置等信息和上述影响因素来确定潜艇位置散布。

2.5.1.1 应召搜潜时潜艇的初始位置散布模型

通常以潜艇初始位置为基准点,并设为坐标原点,设定潜艇的初始位置服从二维 $N(0,\sigma_0^2)$ 正态分布[51],则数学期望值 $E(x)=0$,初始位置 (x_0,y_0) 的联合概率密度函数为

$$f_0(x,y) = \frac{1}{2\pi\sigma_{0x}\sigma_{0y}} \cdot \exp\left[-\frac{1}{2}\left(\frac{x^2}{\sigma_{0x}^2} + \frac{y^2}{\sigma_{0y}^2}\right)\right] \quad (2-10)$$

式中,x_0、y_0 相互独立且同分布,当 $\sigma_{0x} = \sigma_{0y} = \sigma_0$ 时,均服从 $N(0,\sigma_0^2)$ 分布。σ_0 通常由其他兵力测量和计算潜艇的位置误差产生。当 $\sigma_0 = 2\,000\,\text{m}$ 时,潜艇目标初始位置散布如图 2-5 所示。

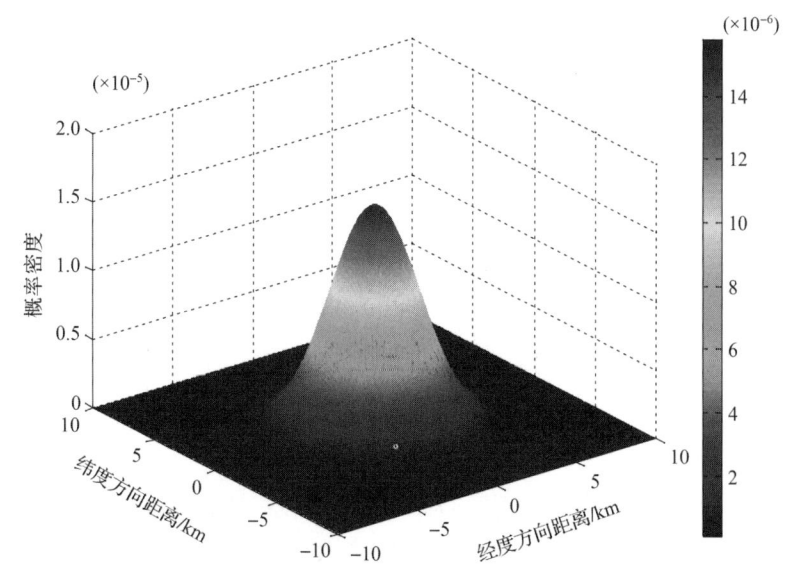

图 2-5 应召搜潜时潜艇目标初始位置散布规律仿真图(附彩图)

把直角坐标系变换到极坐标系 (R,Θ)，可得 (R,Θ) 上的联合密度函数：

$$\Phi_0(r,\theta) = f_0(r\cos\theta, r\sin\theta)\left|\frac{\partial(x,y)}{\partial(r,\theta)}\right| = \frac{r}{2\pi\sigma_0^2} \cdot \exp\left(-\frac{r^2}{2\sigma_0^2}\right), (r,\theta) \in D \quad (2-11)$$

式中，$D = \{(r,\theta) \mid r > 0, \theta \in [0, 2\pi)\}$。

假设 I 是单位函数，则 R、Θ 的概率密度函数计算为

$$\begin{cases} \Phi_{R_0}(r) = \int_0^{2\pi} \Phi_0(r,\theta)\,\mathrm{d}\theta = \frac{r}{\sigma_0^2} \cdot \exp\left(-\frac{r^2}{2\sigma_0^2}\right) \cdot I_{(0,+\infty)} \\ \Phi_{\Theta_0}(\theta) = \int_0^{+\infty} \Phi_0(r,\theta)\,\mathrm{d}r = \frac{1}{2\pi} I_{[0,2\pi)} \end{cases} \quad (2-12)$$

综上，$\Phi_{R_0}(r)\Phi_{\Theta_0}(\theta) = \Phi_0(r,\theta)$，$R$ 和 Θ 相互独立，R 服从瑞利分布，Θ 服从 $[0, 2\pi)$ 区间上的均匀分布。

2.5.1.2 应召搜潜时潜艇运动后的位置散布模型

反潜巡逻机获得潜艇的初始信息后，待到达作战海域使用搜潜设备进行搜索作战时，已经延误 t_0 时间，目标潜艇的位置已发生变化。潜艇的位置将以初始位置散布为中心，以机动速度继续扩大。位置散布区域扩大的大小与潜艇的速度和延误时间（从获得潜艇初始位置到反潜巡逻飞机开始探测的时间）有关[51]。因此，潜艇的位置散布包含初始散布和运动不确定性引起的散布两部分。在此对潜艇速度未知（或已知）和以任意航向（或已知概略航向）的三种最常见的潜艇位置散布情况建模。

1. 潜艇速度未知，航向在 $[0, 2\pi)$ 区间服从均匀分布时

反潜巡逻机经过 t_0 时间开始搜索后，潜艇位置的概率密度函数为[51]

$$\begin{cases} \Phi(r,\theta) = \frac{r}{2\pi\sigma^2} \cdot \exp\left(-\frac{r^2}{2\sigma^2}\right) \\ \sigma^2 = \sigma_0^2 + \frac{2}{\pi}(v_{se} \cdot t_0)^2 \end{cases} \quad (2-13)$$

式中，v_{se}——潜艇的经济航速，即潜艇速度的数学期望值；

t_0——反潜巡逻机从获知潜艇初始信息到飞往作战海域开始搜索的时间。

图 2-6 所示为速度未知条件下,潜艇位置概率密度分布的仿真情况,由图可知,存在潜艇的概率最大的位置在峰顶。

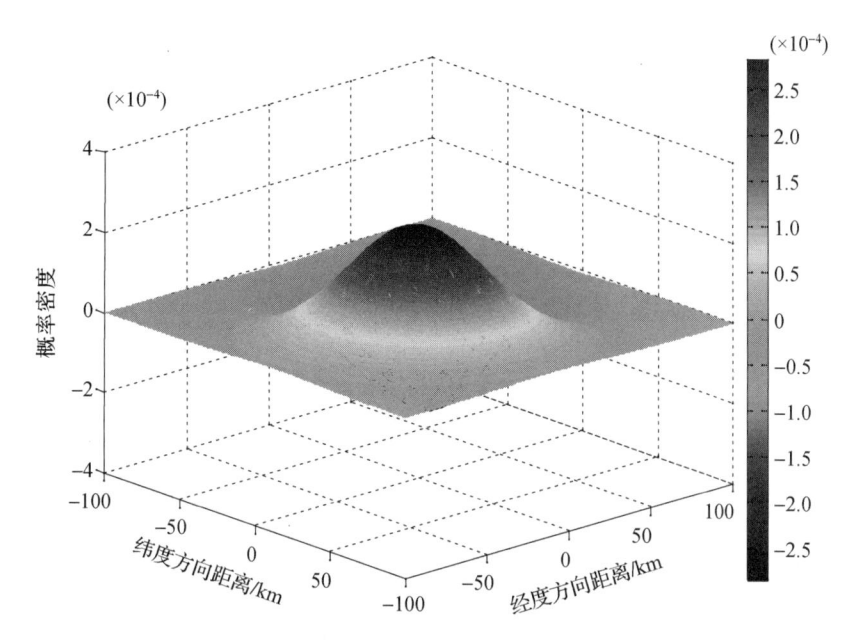

图 2-6 速度未知条件下,潜艇位置概率密度分布示意图(附彩图)

潜艇经济航速(即潜艇速度的数学期望值)的相关计算如下:设潜艇的速度为 v,则 $r = v \cdot t_0$,$\sigma_0 = \sigma_v \cdot t_0$,代入式(2-11)可得

$$\varphi(vt_0) = \frac{vt_0}{(\sigma_v t_0)^2} \cdot \exp\left(-\frac{(vt_0)^2}{2(\sigma_v t_0)^2}\right) \quad (2-14)$$

式中,t_0 为常量,因此可得潜艇速度的概率密度函数为

$$\varphi(v) = \int_0^{2\pi} \varphi(r,\theta)\,\mathrm{d}\theta = \frac{v}{\sigma_v^2} \cdot \exp\left(-\frac{v^2}{2\sigma_v^2}\right) \quad (2-15)$$

若潜艇保持恒向恒速航行,取潜艇的水下经济航速 v_{se} 作为潜艇分布函数的数学期望,即

$$E(v) = \sqrt{\frac{\pi}{2}} \cdot \sigma_v = v_{se} \quad (2-16)$$

求得

$$\sigma_v = \sqrt{\frac{2}{\pi}} \cdot v_{se} \quad (2-17)$$

2. 潜艇速度已知，航向在 $[0,2\pi)$ 区间服从均匀分布时

假设潜艇匀速直线运动，速度是 v，初始位置散布服从 $N(0,\sigma_0^2)$，则潜艇位置散布的概率密度为

$$\Phi(r,\theta) = \begin{cases} \dfrac{r-vt_0}{2\pi\sigma_0^2} \cdot \exp\left(-\dfrac{(r-vt_0)^2}{2\sigma_0^2}\right), & r > vt_0 \\ 0, & r \leqslant vt_0 \end{cases} \quad (2-18)$$

假设反潜巡逻机应召延迟时间为 $t_0 = 0.8\text{ h}$，取 $v = 11\text{ km/h}$，则已知潜艇速度条件下，潜艇位置概率密度分布的仿真情况如图 2-7 所示，由图可知，存在潜艇的概率最大的位置在环形峰顶。

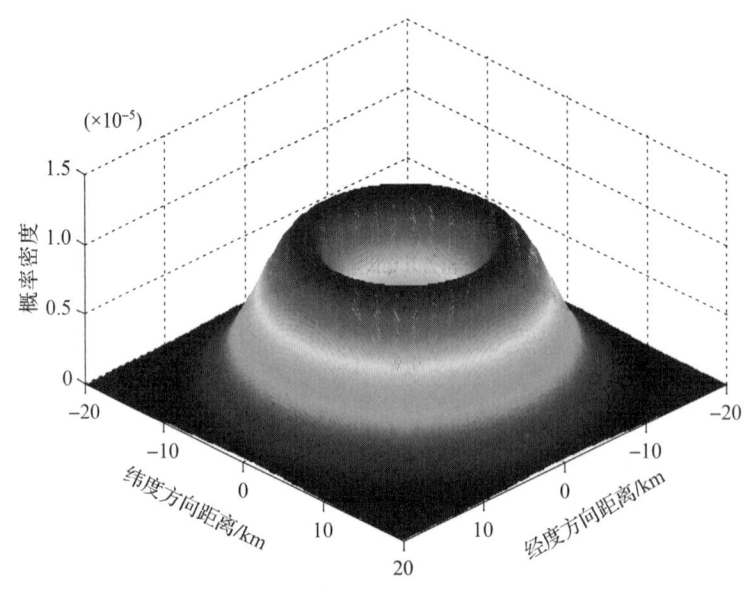

图 2-7 速度已知条件下，潜艇位置概率密度分布示意图（附彩图）

3. 已知潜艇速度和概略航向时

假设潜艇作匀速直线运动，速度是 v，潜艇初始位置散布服从 $N(0,\sigma_0^2)$，当已知概略航向 α 时，考虑航向误差服从正态分布，根据"3σ"原则，其标准偏差 $\sigma_\alpha = \Delta\alpha/3$，而速度与航向误差两者是独立的，故潜艇位置散布的概率密度为

$$\Phi(r,\theta) = \begin{cases} \dfrac{r-vt_0}{\sigma_0^2} \cdot \exp\left(-\dfrac{(r-vt_0)^2}{2\sigma_0^2}\right) \cdot \dfrac{1}{\sqrt{2\pi}\sigma_\alpha} \cdot \exp\left(-\dfrac{\theta^2}{2\sigma_\alpha^2}\right), & r > vt_0 \\ 0, & r \leqslant vt_0 \end{cases} \quad (2-19)$$

假设反潜巡逻机应召延迟时间为 $t_0 = 0.8$ h，取 $v = 11$ km/h，$\sigma_\alpha = 0.1\pi$，则已知潜艇速度和概略航向条件下，潜艇位置概率密度分布的仿真情况如图 2-8 所示。

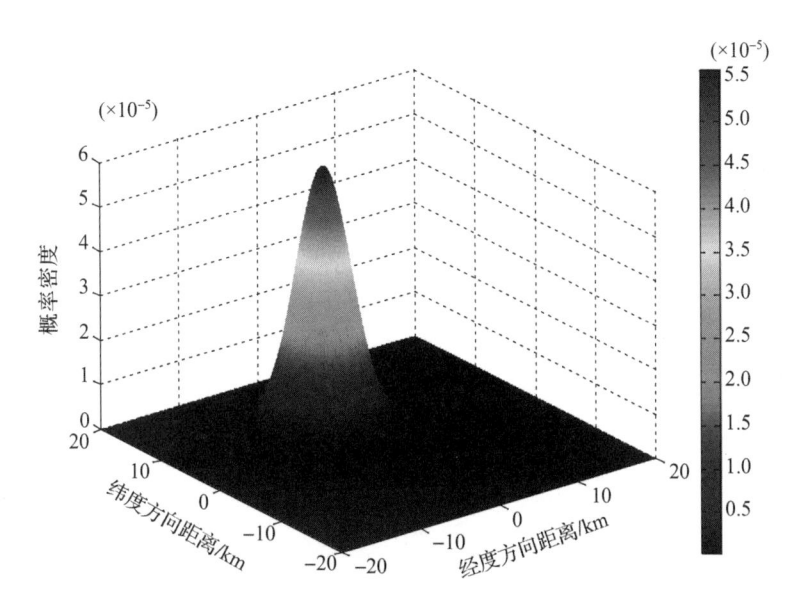

图 2-8 已知潜艇速度和概略航向条件下，潜艇位置概率密度分布示意图（附彩图）

2.5.2 巡逻检查性搜潜时确定潜艇位置散布建模

反潜巡逻机巡逻检查性搜潜，是指反潜巡逻机到指定海域搜索，在搜索前不知该海域是否有潜艇，或者不能获得潜艇位置的更多信息，潜艇可能均匀地出现在指定海域内每个位置点，需要运用搜索手段检查排除或确认。

2.5.2.1 巡逻检查性搜潜时潜艇的初始位置散布

在巡逻检查搜潜时，不能确定指定海域是否存在潜艇，无法获得潜艇位置的具体信息，因此该区域如果存在潜艇，则可以假定其初始位置在该区域服从二维均匀分布。假设指定海域为 D，则潜艇位置 (x,y) 在该海域服从均匀分布的潜艇位置概率密度函数为

$$f_0(x,y) = \begin{cases} \dfrac{1}{S_D}, & (x,y) \in D \\ 0, & 其他 \end{cases} \qquad (2-20)$$

2.5.2.2　矩形海域巡逻检查性搜潜时目标潜艇运动后的位置散布

潜艇运动后的位置散布情况与指定海域的大小、潜艇运动散布区域的大小密切相关，由于潜艇的水下速度较慢，而指定的巡逻性搜潜区域通常远大于目标运动散布区域，因此只要将搜索区域稍微扩大，仍可认为潜艇运动后的位置分布服从均匀分布，且其概率密度函数为[51]

$$f_0(x,y) = \begin{cases} \dfrac{1}{(a+2v_{se}t_0)(b+2v_{se}t_0)}, & (x,y) \in \tilde{D} \\ 0, & 其他 \end{cases} \qquad (2-21)$$

式中，a,b——指定海域的长度和宽度，即指定海域 $D = \{(x,y) \mid 0 \le x \le a, 0 \le y \le b\}$；

$\tilde{D}$——扩大了的潜艇运动的最大散布区域，

$$\tilde{D} \in \{-v_{se}t_0 \le x \le a+v_{se}t_0, -v_{se}t_0 \le y \le b+v_{se}t_0\} \qquad (2-22)$$

2.5.2.3　圆形海域巡逻检查性搜潜时目标潜艇运动后的位置散布

圆形海域巡逻检查性搜潜时目标潜艇运动后的位置散布与矩形海域巡逻检查性搜潜时的情况类似，由于指定的圆形海域远大于潜艇运动散布区域，因此当把潜艇运动的最大区域扩大为 $\tilde{D} = \{(r,\theta) \mid r \le R + v_{se}t_0\}$ 时，目标同样服从均匀分布，假定 R 为指定圆形海域的半径，则其概率密度函数[10]为

$$\Phi(r,\theta) = \begin{cases} \dfrac{1}{\pi(R+v_{se}t_0)^2}, & r \in \tilde{D} \\ 0, & 其他 \end{cases} \qquad (2-23)$$

综上，在巡逻检查性搜潜时，目标潜艇的初始位置散布服从均匀分布；在目标潜艇运动后，搜索海域是圆形和矩形时，在指定搜索区域内潜艇的位置散布均考虑服从均匀分布。

2.6 目标潜艇运动模型

反潜巡逻机协同搜潜过程中,搜潜设备探测潜艇的同时伴随着潜艇运动引起的相对位置变化,主要体现在潜艇发现被搜索后可能采取转向、变深、变速等机动措施。为了更真实地分析研究协同搜潜,本节在三维空间坐标系上建立实体运动模型来描述潜艇的六自由度运动状态。

2.6.1 速度变化模型

由于运动助力和惯性的作用,潜艇在水下活动时,速度的变化规律应该满足指数函数。当增加速度时,假设加速时间是 $\Delta T(\min)$,则速度从 v_0 到 v_T 的变化规律[63]为

$$v_t = v_0 + (v_T - v_0)(1 - e^{-a(t+bt^2)}), \quad v_T > v_0 \qquad (2-24)$$

式中,v_t——实时速度,m/s;

$a = (v_T - v_0)/\Delta T$;

$b = (v_T - v_0)/(\Delta T)^2$。

当速度减小时,速度从 v_0 到 v_T 的变化规律[63]为

$$v_t = v_T + (v_0 - v_T) e^{-K_v T}, \quad v_T < v_0 \qquad (2-25)$$

式中,K_v——减速参数,m/s。

2.6.2 深度变化模型

潜艇在躲避搜潜设备的探测过程中,在一定速度下的升降舵作用及水舱均衡控制下,潜艇进行深度变化(即垂直运动),以此实现由初始深度到达指定深度,并且在到达指定深度时在垂直方向上的速度为零。在深度变化机动过程中,由深度 h_1 到深度 h_2,可将时间等效为三个阶段[63],如图 2-9 所示。

图 2-9 深度变化机动过程

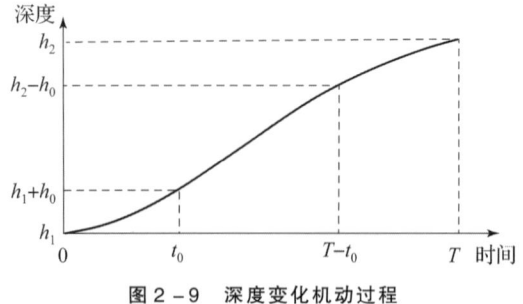

第一阶段为 $[0,t_0]$，垂直上升速度从 0 增加到稳定速度 v_h 的阶段，经历时间为 t_0，假设 k_d 是增深系数，v_{max} 是变深机动过程中达到的最大上升速度，则其深度变化规律为

$$D(t) = h_1 + \text{sign}(h_2 - h_1)\left[v_{max}t - \frac{v_{max}}{k_d}(1 - e^{-k_d t})\right] \quad (2-26)$$

式中，sign(·)——符号函数；

v_{max}——与潜艇纵倾角 θ 和轴向速度 v_t 有关，$v_{max} = v_t \sin\theta$。

第二阶段为 $[t_0, T-t_0]$，是以稳定速度 v_h 上升的阶段，T 是变深运动持续时间，假设 h_0 是第一阶段所达深度差，则其深度变化规律为

$$D(t) = h_1 + \text{sign}(h_2 - h_1)h_0 + \text{sign}(h_2 - h_1)(t - t_0)\frac{|h_1 - h_2| - 2h_0}{T - 2t_0}$$

$$(2-27)$$

第三阶段为 $[T-t_0, T]$，垂直上升速度逐渐减小到 0，并在垂直上升速度达到 0 时潜艇正好到达指定深度，则其深度变化规律为

$$D(t) = h_2 - \text{sign}(h_2 - h_1)h_0 + \text{sign}(h_2 - h_1)\left[v_{max}t - \frac{v_{max}}{k_d}(1 - e^{-k_d t})\right]$$

$$(2-28)$$

2.6.3 转向模型

转向过程可以等效为在一定航速基础上，依靠方向舵力矩作用实现的航向变化，同时受到水阻力影响产生阻力力矩，导致速度降低，最后达到平衡稳定转向状态[63]。假设 δ 是舵角，K、T 是动力系数，$H(t)$ 是实时航向，则转向建模如下[63]：

$$H(t) = H_0 + Kv_t^2 \sin(2\delta)t + [w_0 - Kv_t^2 \sin(2\delta)]T(1 - e^{-t/T})$$
$$(2-29)$$

式中，H_0——初始航向；

v_t——实时航速；

w_0——初始转向角。

2.6.4 运动模型

假设 t 时刻的航向、航速采用大地坐标系，Δt 是仿真步长，H 是实时航向，则该时刻潜艇在水平面上的投影位置为[63]

$$\begin{cases} x_t = x_{t-\Delta t} + v_t \Delta t \sin H \\ y_t = y_{t-\Delta t} + v_t \Delta t \cos H \end{cases} \quad (2-30)$$

第 3 章
反潜巡逻机协同搜潜方法

3.1 引　言

反潜巡逻机实施反潜的第一步就是搜潜，搜潜是整个反潜过程中极其关键的一环。目前，反潜巡逻机载质量大，携带搜潜设备种类多，搜潜的方法也多样，研究如何最大限度地发挥反潜巡逻机的特长和优势，围绕搜潜任务采取最佳的搜潜方法、提高搜潜效能，是反潜巡逻机协同搜潜辅助决策研究的重要内容。

3.2 双/多反潜巡逻机协同搜潜总体方案

未来双机反潜作战，既可能是反潜巡逻机与反潜巡逻机之间的协同（称为同种机协同），也可能是反潜巡逻机与直升机之间的协同（称为异种机协同）[14]。多反潜巡逻机协同反潜时，可以在一个或多个海域（一道或数道巡逻线）同时搜索目标潜艇，也可以在一个或多个海域（一道或数道巡逻线）依序搜索目标潜艇，同时搜索能够实现在比较短的时间内搜索比较大的海域或数个海域（一道较长的巡逻线或数道巡逻线）。在一个海域同时搜索时，通常将该海域划分成数块，一架或两架飞机反潜巡逻机在同一块搜索。因此，对指定的海域通常采用同时搜索的方式，而在指定时间或应召搜索时采用依序搜索的方式。双机或者多反潜巡逻机的协同方式总体可以分为自主模式、长机僚机模式两种情况。

3.2.1　双/多反潜巡逻机协同搜潜自主模式

在指挥控制中心统一管理和协调下，双/多反潜巡逻机中每一反潜巡逻机处于同等地位，指控中心在信息共享的前提下不停地进行计算、判断、决策，下达协同搜潜作战指令，进行协同与调度、任务分派与调整，搜潜海域合理分配，从而在最大限度发挥每一反潜巡逻机的特长和优势的同时，以减少不可预知因素下的错误并最大化任务完成效果，使反潜巡逻机的搜潜作战效能达到最优或近似最优。

自主模式作战时，指控系统发送协同搜潜命令（或反潜巡逻机向协同搜潜处理单元提出协同搜潜请求，并提出协同的相应参数），其协同搜潜处理单元接收数据信息、进行任务规划、形成协同方案，并把方案上报指控系统。指控系统根据当前的任务执行情况和反潜巡逻机工作状态，对协同方案进行评估：若评估结论为方案不通过，则通知协同搜潜处理单元对协同方案进行重新规划组织；若方案可行，则协同搜潜处理单元向反潜巡逻机下达协同搜潜命令及协同工作参数。各反潜巡逻机按协同命令进行协同搜潜，把搜潜信息发往协同搜潜处理单元，进行联合监测处理，并将处理结果输出。如果任务完成，则发送协同结束命令请求。双/多反潜巡逻机自主模式协同搜潜流程如图3-1所示。

3.2.2　双/多反潜巡逻机协同搜潜长机僚机模式

指控中心下达协同搜潜作战指令，双/多反潜巡逻机按照长机僚机模式工作，所有僚机将搜潜信息发送到长机；长机的协同搜潜信息处理单元进行信息融合，经过不停地进行计算、判断、决策，根据融合后的信息，进行协同与调度、任务分派与调整，将搜潜海域进行合理分配，率

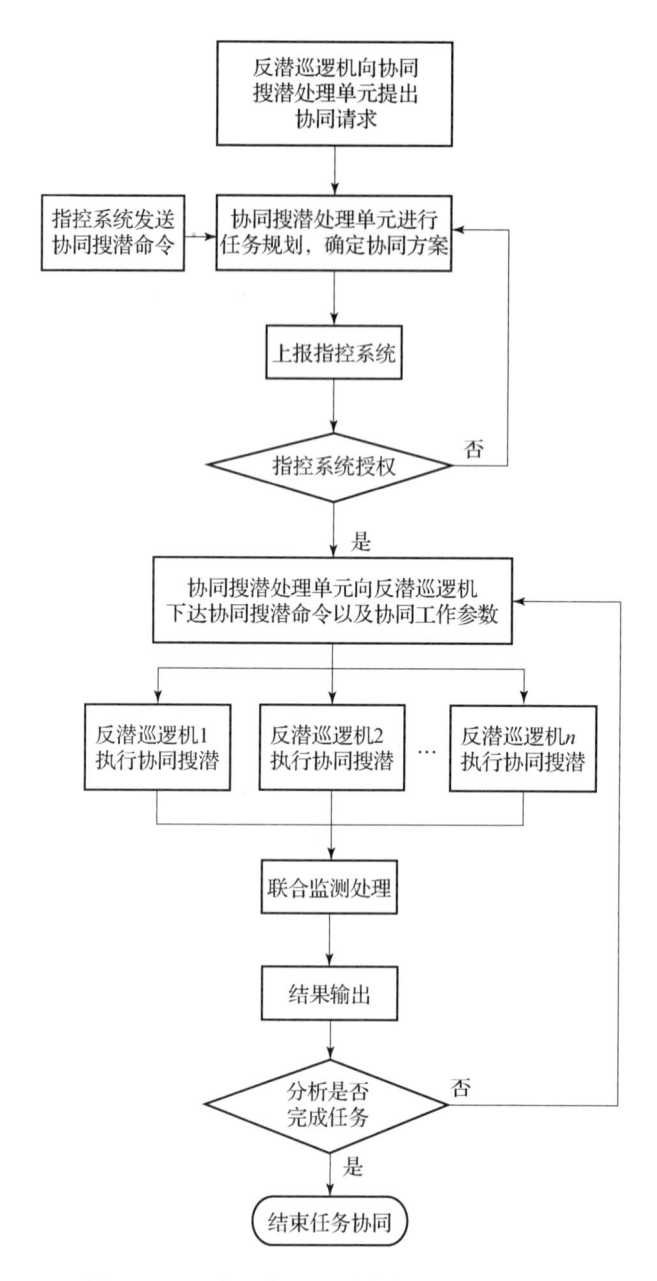

图 3-1　双/多反潜巡逻机自主模式协同搜潜流程

领僚机执行搜潜作战任务；僚机执行长机指令。

　　长机僚机模式时，指控系统发送协同搜潜命令或僚机向长机提出协同搜潜请求，并提出协同的相应参数。长机收集各僚机的工作状态信息，进行任务规划，形成协同方案，并把方案上报指控系统。指控系统根据当前的任务执行情况和反潜巡逻机工作状态，对协同方案进行评估：若评估结论为方案不通过，则通知长机对协同方案进行重新规划组织；若方案可行，则长机向僚机下发协同搜潜命令以及协同工作参数。各僚机按协同命令进行协同搜潜，把搜潜信息发往长机，进行联合监测处理，并将处理结果输出。如果任务完成，则发送协同结束命令请求。双/多反潜巡逻机长机僚机模式协同搜潜流程如图 3-2 所示。

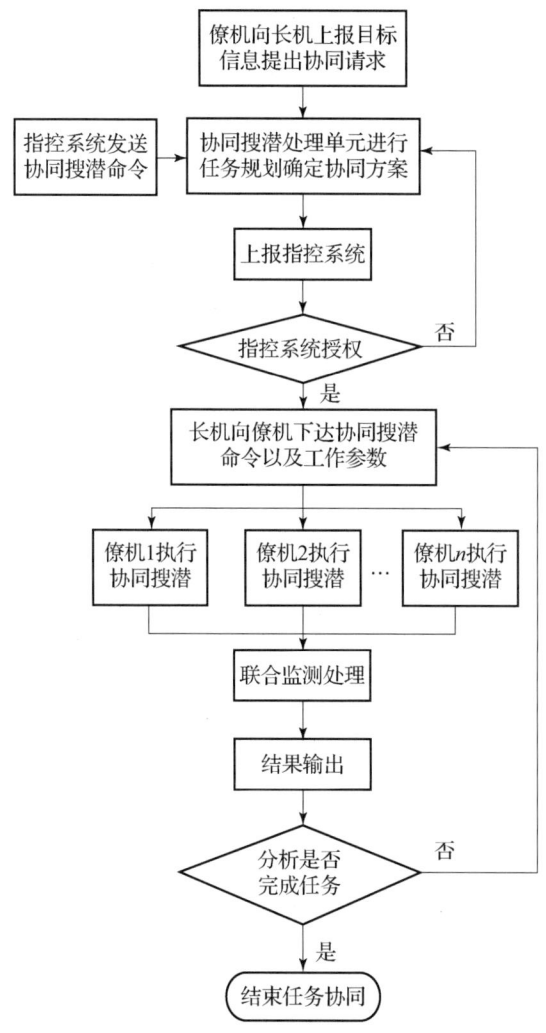

图 3-2 双/多反潜巡逻机长机僚机模式协同搜潜流程

长机僚机模式时,对长机的要求较高,鉴于目前反潜巡逻机使用、性能等现状,本章中的双/多反潜巡逻机协同方式是自主模式。

3.3 反潜巡逻机协同搜潜发现潜艇概率模型

反潜巡逻机搜潜设备发现目标潜艇概率是协同搜潜辅助决策的重要指标,其初始发现潜艇概率如表 3-1 所示[79-81]。针对雷达、声呐浮标、红外搜索仪、磁探仪和电子支援系统等搜索搜潜设备的不同特性,分别建立其发现潜艇概率模型。

表 3-1 反潜巡逻机搜潜器材初始发现潜艇概率

搜潜器材	声呐浮标	雷达、目力	电子支援系统	磁探仪	其他
发现潜艇概率	0.45	0.30	0.20	0.04	0.01

3.3.1 雷达发现目标潜艇概率模型

在反潜巡逻机使用雷达搜索期间,假设目标潜艇处于潜望状态、半潜状态、通气管状态、水面状态的时间分别是 $T_{潜}$、$T_{半潜}$、$T_{通气}$、$T_{水面}$,搜索时间是 $T_{搜索}$,则目标潜艇处在雷达可发现状态的时间系数 $K_{时间,雷达}$ 计算如下:

$$K_{时间,雷达} = \frac{T_{潜} + T_{半潜} + T_{通气} + T_{水面}}{T_{搜索}} \quad (3-1)$$

在搜潜设备搜索过程中,如果反潜巡逻机间断性使用雷达进行搜潜,则搜索效率 $U_{雷达效率}$ 的计算方式如下:

$$U_{雷达效率} = \frac{D_{雷达}^2 V_{雷达} P_{接触,雷达} K_{天气,雷达} K_{时间,雷达}}{D_{潜艇} + D_{雷达}} \quad (3-2)$$

式中,$D_{雷达}$——雷达发现目标潜艇的距离;

$D_{潜艇}$——目标潜艇雷达侦察仪截获反潜巡逻机雷达信号的距离;

$V_{雷达}$——反潜巡逻机使用雷达搜索时的航速;

$K_{天气,雷达}$——天气影响反潜巡逻机及其雷达使用的系数；

$P_{接触,雷达}$——当目标潜艇位于雷达探测范围时，雷达与其接触的概率；

$K_{时间,雷达}$——在反潜巡逻机使用雷达实施搜索期间，目标潜艇处于雷达可以发现状态的时间系数。

如果雷达在目标潜艇雷达侦察仪"死区"发射雷达电磁波，则搜索效率 $U_{雷达效率}$ 的计算方式如下：

$$U_{雷达效率} = 2D_{雷达}V_{雷达}P_{接触,雷达}K_{天气,雷达}K_{时间,雷达} \quad (3-3)$$

基于上述模型，假设实施雷达搜索的反潜巡逻机数量是 $N_{雷达}$，搜索海域面积是 $S_{雷达}$，搜索时间是 $T_{雷达}$，则反潜巡逻机雷达发现目标潜艇概率 $P_{雷达}$ 计算如下：

$$P_{雷达} = 1 - \exp\left(-\frac{U_{雷达效率}N_{雷达}T_{雷达}}{S_{雷达}}\right) \quad (3-4)$$

3.3.2 声呐浮标发现目标潜艇概率模型

反潜巡逻机使用声呐浮标搜索时，假设声呐浮标发现目标潜艇的距离是 $D_{浮标}$，相邻浮标之间的距离是 $d_{浮标相邻}$，则相邻浮标探潜距离重叠系数 $K_{重叠}$ 计算如下：

$$K_{重叠} = \begin{cases} \dfrac{2D_{浮标}}{d_{浮标相邻}}, & \dfrac{2D_{浮标}}{d_{浮标相邻}} < 1 \\ 1, & \dfrac{2D_{浮标}}{d_{浮标相邻}} \geq 1 \end{cases} \quad (3-5)$$

基于 $K_{重叠}$ 的计算模型，假设反潜巡逻机布设的声呐浮标阵探测范围覆盖目标潜艇位置区的概率是 $P_{覆盖}$，目标潜艇位于浮标探测范围，浮标与其接触的概率是 $P_{接触,浮标}$，布放的声呐浮标正常工作的概率是 $P_{正常}$，声呐浮标与反潜巡逻机保持无线电通信畅通的概率是 $P_{畅通}$，天气影响反潜巡逻机及其声呐使用的系统是 $K_{天气,浮标}$，则反潜巡逻机使用声呐浮标搜索时，发现目标潜艇的概率 $P_{浮标}$ 计算如下：

$$P_{浮标} = P_{覆盖}P_{接触,浮标}P_{正常}P_{畅通}K_{天气,浮标}K_{重叠} \quad (3-6)$$

3.3.3 磁探仪发现目标潜艇概率模型

反潜巡逻机使用磁探仪搜索时，如果已知反潜巡逻机搜索航段数 $n_{航段数}$，假设一架反潜巡逻机搜索带的宽度是 $W_{单架}$，反潜巡逻机一个搜索航段的长度是 $l_{航段}$，实施搜索的反潜巡逻机数量是 $N_{磁探仪}$，磁探仪正确识别潜艇的概率是 $P_{磁识别率}$，声呐浮标正确识别潜艇的概率是 $P_{浮标识别率}$，搜索海域的面积是 $S_{磁探仪}$，则磁探仪发现目标潜艇的概率 $P_{磁探仪}$ 计算如下：

$$P_{磁探仪} = 1 - \exp\left(-\frac{W_{单架} l_{航段} n_{航段数} N_{磁探仪} P_{磁识别率} P_{浮标识别率}}{S_{磁探仪}}\right) \quad (3-7)$$

反潜巡逻机使用磁探仪搜索时，如果反潜巡逻机搜索航段数未知，假设反潜巡逻机使用磁探仪的搜索速度是 $V_{磁探仪}$，使用磁探仪在搜索海域搜索的时间是 $T_{磁探仪}$，则磁探仪发现目标潜艇的概率 $P_{磁探仪}$ 计算如下：

$$P_{磁探仪} = 1 - \exp\left(-\frac{W_{单架} V_{磁探仪} T_{磁探仪} N_{磁探仪} P_{磁识别率} P_{浮标识别率}}{S_{磁探仪}}\right) \quad (3-8)$$

3.3.4 尾迹探测仪发现潜艇概率模型

反潜巡逻机使用尾迹探测仪搜索时，假设在某搜索海域某时刻的目标潜艇尾迹浮至海表面的概率是 $P_{浮至水面}$，目标潜艇航行深度的尾迹浮至海表面的概率是 $P_{浮至深度}$，则目标潜艇尾迹出现在海表面的概率 $K_{出现}$ 计算如下：

$$K_{出现} = P_{浮至水面} P_{浮至深度} \quad (3-9)$$

使用尾迹探测仪搜索时，假设反潜巡逻机飞行高度是 $h_{机高}$，尾迹探测仪搜索角度是 $\varphi_{搜索}$，则尾迹探测仪搜索宽度 $W_{尾迹探测}$ 计算如下：

$$W_{尾迹探测} = 2 h_{机高} \tan \frac{\varphi_{搜索}}{2} \quad (3-10)$$

目标潜艇尾迹在海表面的宽度可以根据实际选取数据，但如果缺乏实际数据，则可将 $W_{尾迹}$ 计算如下：

$$W_{尾迹} = \frac{1}{3} V_{潜艇} t_{尾迹} \quad (3-11)$$

式中，$V_{潜艇}$——潜艇的速度；

$t_{尾迹}$——潜艇尾迹在海表面存在的时间。

当目标潜艇尾迹处于尾迹探测仪探测范围时,假设探测仪记录到尾迹的概率是 $P_{接触尾迹}$(一般取 0.7~0.9),则一架反潜巡逻机尾迹探测仪搜索目标潜艇效率 $U_{尾迹效率}$ 计算如下:

$$U_{尾迹效率} = (0.64 V_{潜艇} t_{尾迹} + 0.36 W_{尾迹} + W_{尾迹探测}) V_{尾迹} P_{接触尾迹} K_{天气,尾迹} K_{出现}$$
(3-12)

式中,$V_{尾迹}$——反潜巡逻机使用尾迹探测仪搜索时的航速;

$K_{天气,尾迹}$——天气影响反潜巡逻机及其尾迹探测仪使用的系数。

基于上述模型,反潜巡逻机使用尾迹探测仪搜索时,发现目标潜艇概率 $P_{尾迹}$ 计算如下:

$$P_{尾迹} = 1 - \exp\left(-\frac{U_{尾迹效率} N_{尾迹} T_{尾迹}}{S_{尾迹}}\right)$$
(3-13)

式中,$N_{尾迹}$——使用尾迹探测仪实施搜索的反潜巡逻机数量;

$T_{尾迹}$——使用尾迹探测仪在搜索海域搜索的时间;

$S_{尾迹}$——使用尾迹探测仪搜索海域的面积。

3.3.5 废气分析仪发现潜艇概率模型

反潜巡逻机使用废气分析仪搜索目标潜艇时,假设当目标潜艇排放的废气处于废气分析仪探测范围时,分析仪记录到废气的概率是 $P_{废气接触}$;假设目标潜艇排放的废气长度是 $L_{废气}$,目标潜艇排放的废气宽度是 $W_{废气}$,当风速是 2~8 m/s 时,$L_{废气} + W_{废气}$ 为 40~25 n mile;当风速是 10~16 m/s 时,$L_{废气} + W_{废气}$ 为 16~12 n mile。废气分析仪搜索目标潜艇的效率 $U_{废气效率}$ 计算如下:

$$U_{废气效率} = 0.64 (L_{废气} + W_{废气}) V_{废气} P_{废气接触} K_{天气,废气} K_{时间,废气}$$
(3-14)

式中,$V_{废气}$——反潜巡逻机使用废气分析仪搜索时的航速;

$K_{天气,废气}$——天气影响反潜巡逻机及其废气分析仪使用的系数;

$K_{时间,废气}$——在反潜巡逻机使用废气分析仪实施搜索期间,目标潜艇处于废气分析仪可以发现状态的时间系数。

由此,废气分析仪发现目标潜艇的概率 $P_{废气}$ 计算如下:

$$P_{废气} = 1 - \exp\left(-\frac{U_{废气效率} N_{废气} T_{废气}}{S_{废气}}\right)$$
(3-15)

式中，$N_{废气}$——使用废气分析仪实施搜索的反潜巡逻机数量；

$T_{废气}$——使用废气分析仪在搜索海域搜索的时间；

$S_{废气}$——使用废气分析仪搜索海域的面积。

3.3.6 多搜潜设备协同搜潜发现潜艇概率模型

上述各搜潜设备发现目标潜艇的概率模型仅适用于在某搜索时间段内，反潜巡逻机仅使用一种搜索设备探潜的情况。如果反潜巡逻机同时使用数种搜潜设备协同搜潜（如在使用声呐浮标的同时使用雷达、尾迹探测仪和废气分析仪），那么总搜索效率取决于每种搜潜设备的搜索效率和适宜每种搜潜设备使用的条件。

假设目标潜艇在反潜巡逻机搜索期间，分别处于相应搜潜设备能够探测状态的时间的最大比例是 $K_{最大}$、最小比例是 $K_{最小}$、中间比例是 $K_{中间}$，同时假设数种搜潜设备搜索目标潜艇的最小效率是 $U_{最小}$、中间效率是 $U_{中间}$、最大效率是 $U_{最大}$。当反潜巡逻机同时使用两种搜潜设备协同搜潜时，总搜索效率 $U_{总效率}$ 计算如下：

$$U_{总效率} = U_{最小}K_{最小} + U_{最大}K_{最大} - U_{最小}K_{最小}K_{最大} \quad (3-16)$$

当反潜巡逻机同时使用三种搜潜设备协同搜潜时，搜索效率计算如下：

$$U_{总效率} = U_{最小}K_{最小} + U_{中间}K_{中间} + U_{最大}K_{最大} - \\ U_{最小}(K_{最小}K_{中间} + K_{最小}K_{最大} - K_{最小}K_{中间}K_{最大})$$

$$(3-17)$$

综上所述，反潜巡逻机同时使用多搜潜设备协同搜潜时，发现目标潜艇的概率 $P_多$ 计算如下：

$$P_多 = 1 - \exp\left(-\frac{U_{总效率}N_多 T_多}{S_多}\right) \quad (3-18)$$

式中，$N_多$——使用多搜潜设备协同搜潜的反潜巡逻机数量；

$T_多$——使用多搜潜设备协同搜潜搜索海域的时间；

$S_多$——使用多搜潜设备协同搜潜搜索海域的面积。

第 4 章

基于云贝叶斯网络的
反潜巡逻机协同搜潜目标态势评估研究

4.1 引　言

双/多反潜巡逻机自主模式协同搜潜过程中，由于潜艇的隐蔽性及作战海洋环境的不确定性，战场态势变化迅速，协同搜潜处理单元的负担加大，搜潜作战决策过程中需要处理的态势信息量大大增加，建立有效的潜艇目标类型识别和意图评估模型将更加困难。因此，如何在这样复杂的环境中对敌我态势进行快速有效的评估，已成为亟需解决的问题。搜潜目标态势评估是后续攻潜作战的基础，为反潜巡逻机协同搜潜指挥决策提供重要依据，对反潜作战有重大影响。

在海洋战场环境下所获得的战场信息，受传感器性能以及敌方干扰等因素影响，具有高度的不确定性。同时，由于搜潜作战的复杂性，因此用于推理的军事知识存在不确定性。依据 Klir 提出的不确定知识分类法，可将不确定知识大体分为模糊（vagueness）知识和多样性（ambiguity）知识两大类[81]。例如，目标的距离很远，就是模糊知识；目标可能是潜艇或鱼群，就是多样性知识。因此，态势评估系统必须能处理这种不确定性。要想有效处理该不确定性，仅依靠某一种方法是不可能实现的，必须选取多种方法，并达到方法上的最佳组合。云模型理论在知识表示上优于贝叶斯网络,而贝叶斯网络在推理能力上又优于云推理,两者有各自的优势。因此,本章引入云贝叶斯网络方法,以克服云模型在推理能力上的不足及贝叶斯网络在知识表示上的缺陷,综合两者的优势来进行搜潜目标态势评估仿真研究,提出基于云贝叶斯的反潜巡逻机协同搜潜目标态势评估方法。

4.2 反潜巡逻机协同搜潜目标态势评估

态势评估(situation assessment,SA)[82]又称为态势估计,目前对于态势评估还没有形成完整统一的定义,而且相关文献在各自的应用场合所给出的概念也有所不同。Endsley 提出的态势评估的定义[83-87]是:感知特定时空环境中的元素,理解其意义,预测其未来状态。军事领域中有大量的关于态势评估的功能性描述定义,最著名的就是 JDL 的数据融合处理模型[88]中的描述:态势评估是建立在关于作战活动、事件、时间、位置和兵力要素组织形式的一张多重视图,它将所观测到的战斗力量分布与活动和战场周围环境、敌作战意图及敌机动性有机地联系起来,识别已发生的事件和计划,得到敌方兵力结构、部署、行动方向与路线的估计,指出敌军的行为模式,推断出敌军的意图,做出对当前战场情景的合理解释,并对临近时刻的态势变化做出预测,最终形成战场综合态势图。在多反潜巡逻机协同搜潜作战过程中,态势评估的定义如下:

定义 4.1 态势评估是将获得的敌方兵力部署、活动和战场环境等信息与兵力结构、使用特点结合起来,推断敌方作战意图,形成战场态势的过程[89]。

一般来说,态势评估的主要任务有:

(1) 态势评估信息处理过程,即态势评估的功能模型研究。

(2) 态势评估推理框架与算法的研究,即态势评估数学模型的研究。

(3) 所需知识库的建立,即军事知识提取与表示方面的问题。

(4) 软件模型与系统软件设计问题,即态势评估系统模型的建立。

态势评估的主要特点有：

（1）态势评估是分层假设描述和评估处理的结果，每个备选态势假设有一个不确定性关联值。

（2）其最优性通过形成最小不确定性假设达到。

（3）态势评估是一个动态的、按时序处理的过程，一般情况下态势要素的融合和提取准确程度随时间发展提高。

态势评估的理想结果[88]是反映真实的战场态势，提供对事件、活动的预测，并由此提供最优决策的依据。

4.3 云贝叶斯网络算法

4.3.1 云的数字特征对云图影响分析

云模型[90]是李德毅院士于1995年在概率论和模糊数学理论两者交互的基础上提出的一种不确定关系的转换模型。云模型从自然语言的基本语言单位入手，对定性概念进行一种量化的定义，从而使得自然语言中的定性概念和其对应的定量数值之间能够进行不确定性转换，表达了自然语言的不确定性属性。解决模糊性问题通常采用模糊数学理论，解决随机性问题通常采用概率论，而云模型通过特定的结构算法，将模糊性与随机性的概念较为有效地融合，组成定量与定性之间的映射，能够兼顾模糊性和随机性，从而很好地表达数据的不确定性以及专家知识，比模糊集理论更胜一筹。

云有3个数字特征：期望（expected value）E_x、熵（entropy）E_n、超熵（hyper entropy）H_e。云的数字特征反映了概念在整体上的定量特征[91-92]，共同决定了云的形态分布。正态云是最重要的一种云模型，它具有普适性。在此以正态云为例，分析其数字特征对云图的影响，取不同参数的正态云模型进行MATLAB仿真。

（1）$E_x = 18$，$E_n = 2$，$H_e = 0.2$，云滴数 $N = 1\,000$ 时，仿真云图如

图 4-1 所示。

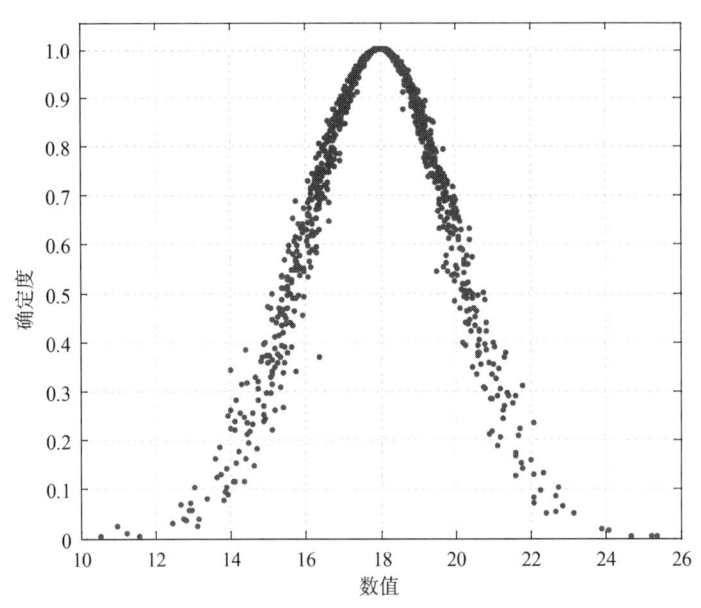

图 4-1 $E_x=18$, $E_n=2$, $H_e=0.2$, $N=1\,000$, 正态云图

（2）$E_x=18$, $E_n=2$, $H_e=0.2$, 云滴数 $N=3\,000$ 时, 仿真云图如图 4-2 所示。

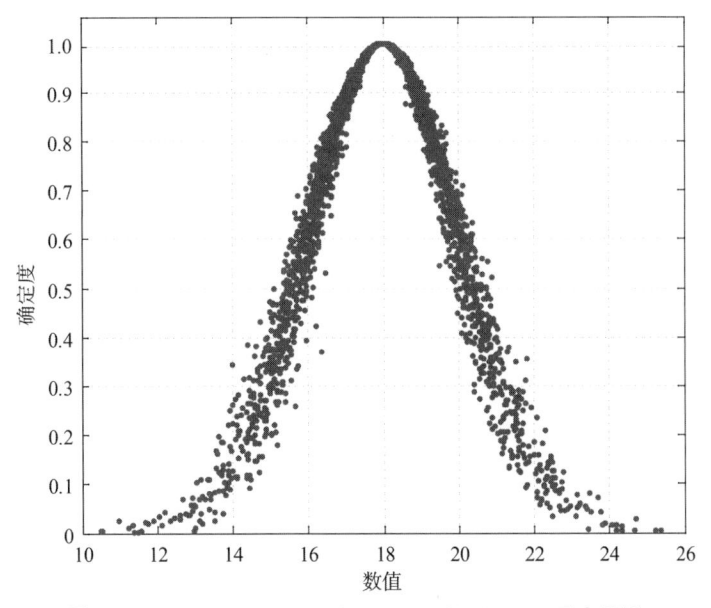

图 4-2 $E_x=18$, $E_n=2$, $H_e=0.2$, $N=3\,000$, 正态云图

（3） $E_x = 28$，$E_n = 2$，$H_e = 0.2$，云滴数 $N = 3\,000$ 时，仿真云图如图 4-3 所示。

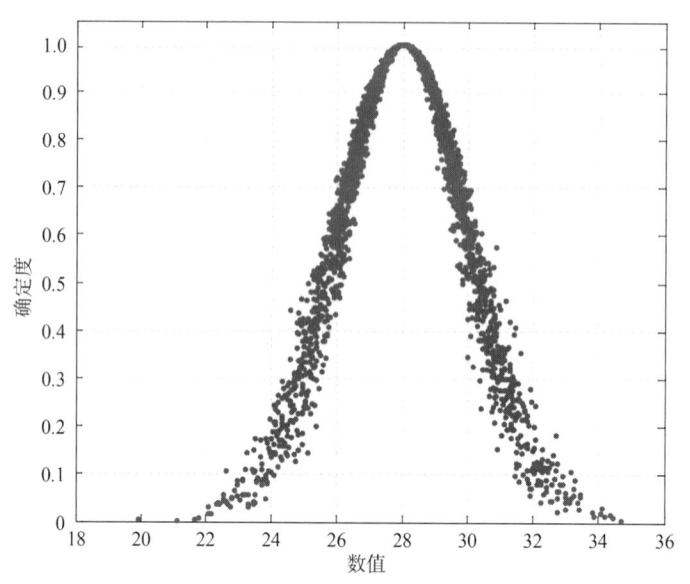

图 4-3　$E_x = 28$，$E_n = 2$，$H_e = 0.2$，$N = 3\,000$，正态云图

（4） $E_x = 0$，$E_n = 2$，$H_e = 0.2$，云滴数 $N = 3\,000$ 时，仿真云图如图 4-4 所示。

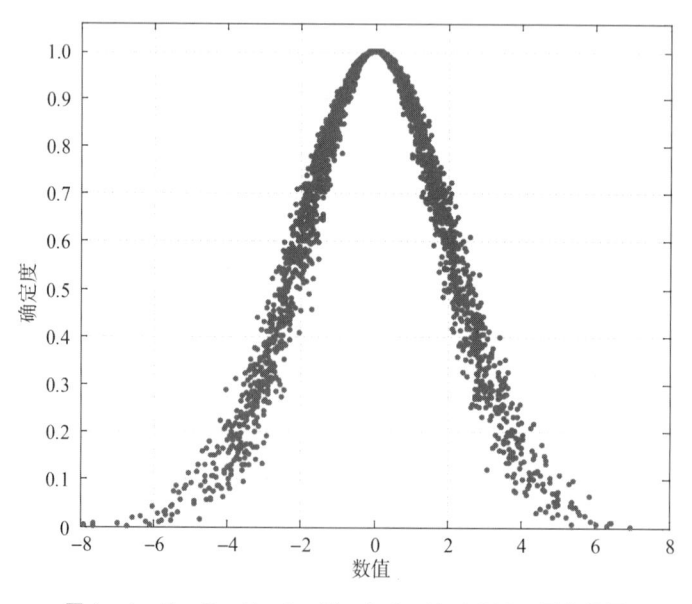

图 4-4　$E_x = 0$，$E_n = 2$，$H_e = 0.2$，$N = 3\,000$，正态云图

(5) $E_x = 0$,$E_n = 1$,$H_e = 0.2$,云滴数 $N = 3\,000$ 时,仿真云图如图 4-5 所示。

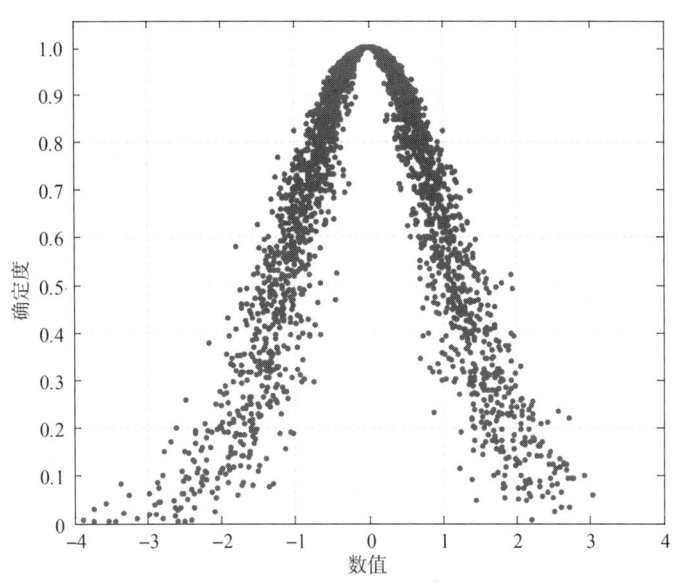

图 4-5 $E_x = 0$,$E_n = 1$,$H_e = 0.2$,$N = 3\,000$,正态云图

(6) $E_x = 0$,$E_n = 0.5$,$H_e = 0.2$,云滴数 $N = 3\,000$ 时,仿真云图如图 4-6 所示。

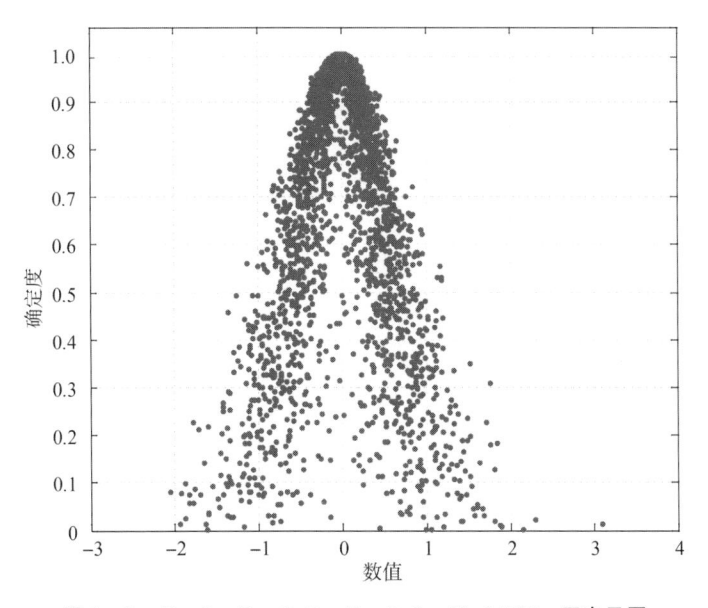

图 4-6 $E_x = 0$,$E_n = 0.5$,$H_e = 0.2$,$N = 3\,000$,正态云图

（7）$E_x = 0$，$E_n = 1$，$H_e = 0.1$，云滴数 $N = 3\,000$ 时，仿真云图如图 4-7 所示。

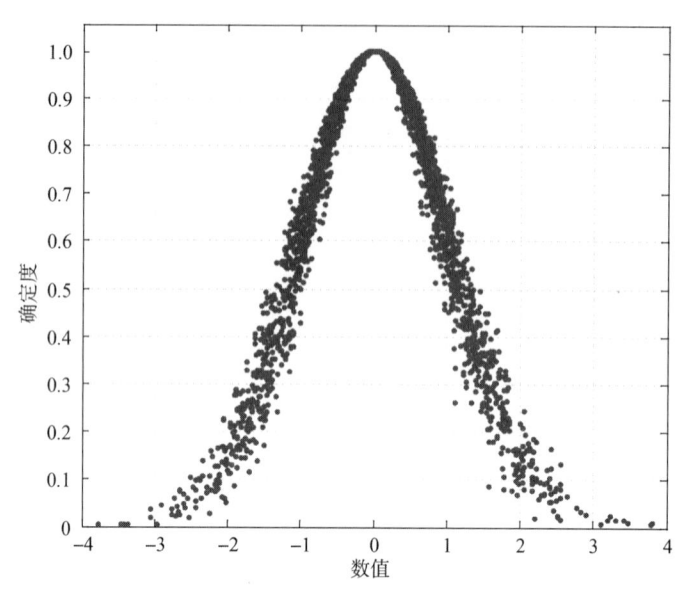

图 4-7　$E_x = 0$，$E_n = 1$，$H_e = 0.1$，$N = 3\,000$，正态云图

（8）$E_x = 0$，$E_n = 0.5$，$H_e = 0.1$，云滴数 $N = 3\,000$ 时，仿真云图如图 4-8 所示。

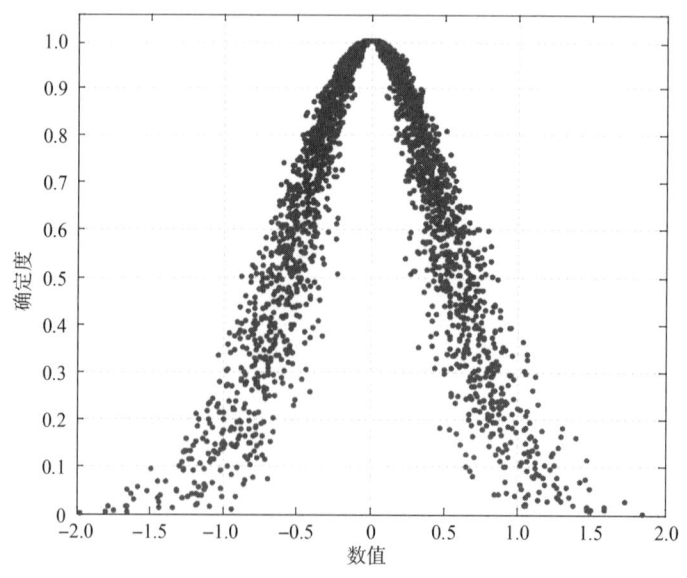

图 4-8　$E_x = 0$，$E_n = 0.5$，$H_e = 0.1$，$N = 3\,000$，正态云图

由上述仿真云图可以看出,熵反映了云滴在论域中的离散程度,超熵反映了云层的厚度和离散度。熵越大,云滴分布范围越大;反之,云滴的分布范围就会越小。超熵越小,云层就越薄、越集中;反之,超熵越大,云层就越厚、越离散。

4.3.2 云贝叶斯网络

4.3.2.1 模糊贝叶斯网络方法

模糊贝叶斯网络方法可以对模糊域和概率域数据进行融合处理,符合人的思维推理,便于理解,具有数据表示力强、数据连续和时间累计等特性,因此具有一定的实用性。

结合模糊逻辑和贝叶斯网络在知识表示和推理上的优点,我们可以引入模糊概率转换公式,运用该公式,也可以将模糊逻辑和贝叶斯网络集成为模糊贝叶斯网络。

设 $U = \{u_1, u_2, \cdots, u_n\}$ 是一个离散有限集合,A 是 U 的一个模糊集合,又称模糊子集,可以由其隶属度函数定义,X 是取自 U 中的一个变量,$p(u_i)$ 表示 $X = u_i$ 时的概率,$\pi(u_i)$ 表示 $X = u_i$ 时的可能性,$\mu(u_i)$ 是模糊集合 A 上的隶属度函数,是 u_i 对 A 的隶属度。

Zadeh[93]认为可能性理论是模糊集理论的扩展,因此可能性理论中可能性分配 π 可以由模糊集上的隶属函数决定。于是得到

$$\pi(u) = \mu(u) \tag{4-1}$$

Geer 等[94]认为信息中的不确定性在一两种理论的相互转换过程中应保持不变,并在可能性概率转换过程中提出"信息转换保护"(information preserving transformation)。其转换公式为

$$p(u_i) = \frac{\pi(u_i)^{1/\alpha}}{\sum_{i=1}^{n} \pi(u_i)^{1/\alpha}}, \quad 0 < \alpha < 1 \tag{4-2}$$

式中,α——可能性概率转换一致性条件满足的程度,$0 < \alpha < 1$。α 趋向 0,则转换的概率 $p(u_i)$ 间差异较大;α 趋向 1,则 $p(u_i)$ 间差异较小。

将式(4-1)与式(4-2)合并,得到

$$p(u_i) = \frac{\mu(u_i)^{1/\alpha}}{\sum_{i=1}^{n} \mu(u_i)^{1/\alpha}}, \quad 0 < \alpha < 1 \tag{4-3}$$

根据式（4-3），可以把模糊逻辑和贝叶斯网络集成为模糊贝叶斯网络，用以解决态势评估问题。

4.3.2.2 云贝叶斯网络方法

云贝叶斯网络[95-97]是由模糊贝叶斯网络启发而来的，是对模糊贝叶斯网络的一种改进。把模糊集理论和贝叶斯网络[98-99]相结合，建立模糊贝叶斯网络，对实际问题进行分析推理，这已成功应用在态势评估中[100-101]。但是以模糊集理论为基础的贝叶斯网络在不确定知识表达上，只能对知识在模糊性方面进行解释，不能在随机性方面进一步解释。云模型是在定性概念和定性概念的定量表示之间形成某种映射，是一种双向认知模型，揭示了模糊性和随机性之间的关系，而且能够用模糊数学和概率论给出合理的解释，在知识的表示上有很大优势，并在很多学科领域得到应用[102]。贝叶斯网络与人类思维模式相近，实质上是一种不定性的因果关联模型，它本身是将多元知识可视化为一种知识表达和推理模型，但其模型的结构主要包含各节点之间的因果关系及条件相关关系，是众多不确定推理方法中应用最为广泛的一种理论方法[103]。这两者各有优势，云理论在知识表示上优于贝叶斯网络，而贝叶斯网络在推理能力上优于云推理，因此云贝叶斯网络模型克服了单一的云模型在推理能力上的不足以及贝叶斯网络在知识表示上的缺陷，综合了云理论所具有的模糊性和随机性的知识表达能力以及贝叶斯网络所具有的推理能力，成为一种新的能够同时考虑模糊性、随机性的不确定性推理模型。

云贝叶斯网络的基本思想：首先，对网络中的连续型变量进行归一化处理；然后，运用云模型转换对归一化变量进行离散化处理，使网络统一为离散型贝叶斯网络，同时通过确定度-概率转换公式把确定度转换为概率。其本质是把云模型融入贝叶斯网络节点参数，把云模型转换为单个贝叶斯网络节点的条件概率表（CPT），从而利用云的知识表达能力实现了用尽量少的专家参数表达复杂条件概率表的目的，大大降低了专家设计条件概率表的工作量，提高了贝叶斯网络的设计效率。云模型的条件独立关系，即贝叶斯网络结构（有向无环图），可由专家根据因果关系设计，其条件概率表可根据图4-9所示的过程生成。该过程分为权值计算、云模型转换、条件概率转换三部分。

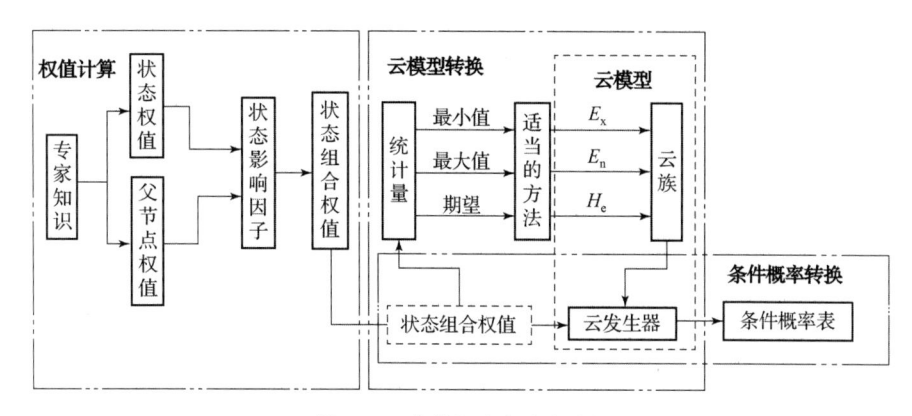

图 4-9 条件概率表生成过程

1. 状态组合权值

权值共分为 4 部分：父节点权值（WA）、状态权值（WS）、状态影响因子（WAS）、状态组合权值（WCS）[104]。权值计算的最终结果是状态组合权值，它是构建云族及生成条件概率表的基础。

WA 表示单一父节点对子节点的影响程度；WS 表示父节点的状态变化对子节点的影响程度，每种状态划分对应一组状态权值。这两种权值均由专家知识构建，WA 和 WS 是整个云贝叶斯网络参数生成模型的输入。

WAS 是父节点权值与其各状态权值的乘积，它表示单个父节点各状态分别对子节点的影响程度。设第 i 个父节点的权值为 WA_i，且该父节点有 S 种状态，WS_j 表示第 j 种状态的状态权值，则该父节点各状态的影响因子为：$\{WA_i \times WS_1, WA_i \times WS_2, \cdots, WA_i \times WS_S\}$。

WCS 表示所有父节点的状态组合对子节点的影响程度，其值为该状态组合下各节点状态的 WAS 之和。设节点 B 有 n 个父节点，其第 q 个状态组合中各父节点状态的状态影响因子分别为 $\{was_1, was_2, \cdots, was_n\}$，则该状态组合的状态组合权值为

$$WCS_q = \sum_{i=1}^{n} was_i \qquad (4-4)$$

2. 云贝叶斯网络模型转换

云贝叶斯网络模型转换包括两部分——云模型转换、条件概率转换[104]。云模型转换是指在状态组合权值的论域中定义一个云族，并根据

云族的定义设计一组云发生器,每个云发生器与所求节点的状态划分一一对应。条件概率转换是把父节点的状态组合权值代入云发生器,得到一个云滴,即该状态组合权值下所求节点的确定度;然后,将各状态的确定度归一化,得到条件概率表的一个表项;重复上述步骤,计算得到所有表项,即可求出整个条件概率表。生成 CPT 的具体步骤流程如图 4 – 10 所示,详细描述如下。

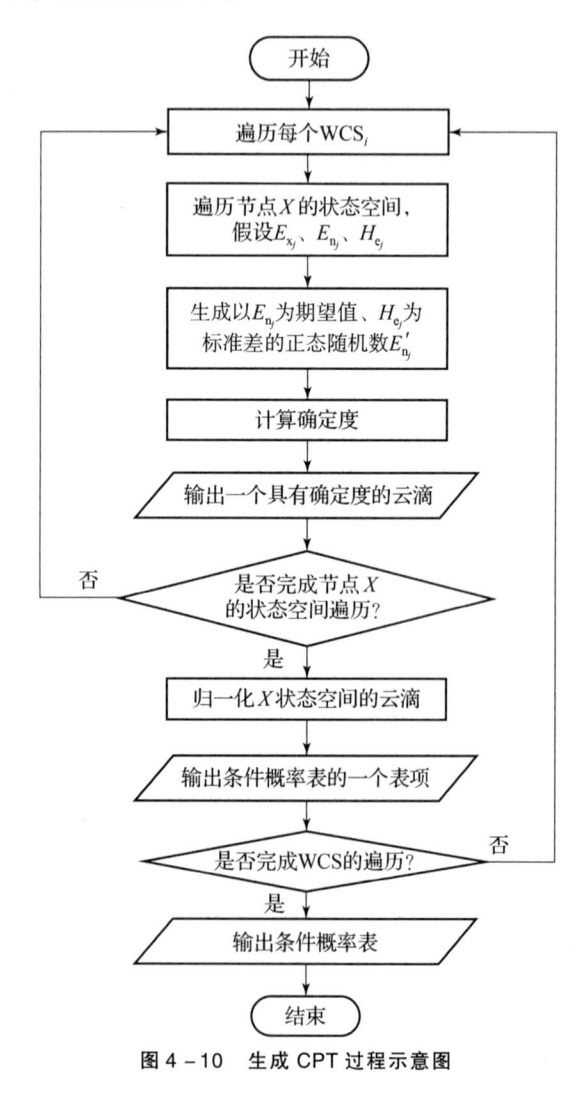

图 4 – 10 生成 CPT 过程示意图

第 1 步,遍历 WCS 的每个 WCS_i。

第 2 步,遍历节点 X 的状态空间,假设第 j 个状态云发生器的数字特

征为 E_{x_i}、E_{n_i} 和 H_{e_i}。

第 3 步，生成以 E_{n_i} 为期望值、H_{e_i} 为标准差的正态随机数 E'_{n_i}。

第 4 步，计算 WCS_i 的确定度 $\mu = \exp\left[-\dfrac{(\text{WCS}_i - E_{x_i})^2}{2(E'_{n_i})^2}\right]$。

第 5 步，输出一个具有确定度的云滴 $\text{drop}(\text{WCS}_i, \mu)$。

第 6 步，如果完成节点 X 的状态空间的遍历，则执行第 7 步，否则继续遍历。

第 7 步，归一化 X 状态空间的云滴。

第 8 步，将归一化的结果输出到条件概率表，作为其中一个表项。

第 9 步，如果完成 WCS 的遍历，则执行第 10 步，否则继续遍历。

第 10 步，输出条件概率表。

云贝叶斯网络构建完成后，根据收集到的证据进行评估推理运算。云贝叶斯网络推理算法与贝叶斯网络推理算法的区别只有条件概率表的构建过程不同，因此云贝叶斯网络算法可以使用贝叶斯网络推理算法进行概率推理，求得查询变量的后验概率，完成最终的任务。

4.4 基于云贝叶斯网络的反潜巡逻机协同搜潜目标态势评估方法

4.4.1 双/多反潜巡逻机协同搜潜目标态势评估思路

双/多反潜巡逻机自主模式协同搜潜时，通常综合使用多种搜潜设备搜索潜艇，分别携带声呐浮标、磁探仪等，根据指令，反潜巡逻机进行指定海域搜索、反潜巡逻线搜索和应召搜索。反潜巡逻机按照 3.2 节的搜索队形布设浮标，或者在目标潜艇的可能驶离方向布设拦截阵，以断敌退路；反潜巡逻机进行搜索，在发现疑似目标后，就由携带磁探仪的反潜巡逻机进行精确定位和识别；反潜巡逻机之间通过数据链及其他通信保持实时联系，随时共享情报信息。反潜巡逻机自主模式协同搜潜，经过不停地计算、判断、决策，进行科学合理的调度、分配，最大化合理利用每架反潜巡逻机，并提高搜潜效率。

在双/多反潜巡逻机自主模式协同搜潜态势评估过程中，需要处理大量不确定性信息和因果推理。云贝叶斯网络是先验概率和不确定信息逻辑推理的不确定性推理模型，既有模糊性和随机性的知识表达能力，也有贝叶斯网络所具有的推理能力。因此，基于云贝叶斯网络在不确定性信息处理和因果推理上的优势，本节采用云贝叶斯网络研究反潜巡逻机协同搜潜的目标态势评估问题。主要研究思路如下：

（1）根据反潜巡逻机协同搜潜过程确定贝叶斯网络结构，确定节点和有向弧，即确定评估的指标要素及其内在的因果联系。

（2）由于连续型变量作为离散型变量的父节点会造成条件概率难以确定，因此采用云模型转换对连续型观测节点进行离散化处理，将其统一为离散型贝叶斯网络，并依据客观知识和专家经验来确定各节点的条件概率表。

（3）将从探测设备获得的证据信息（观测变量值）输入云贝叶斯网络，选择合适的推理算法，通过贝叶斯网络推理获得目标态势属于各个等级的概率。

（4）为消除目标信息的不确定性影响，进行多次重复推理，通过概率合成公式求得最终的态势概率。

基于云贝叶斯网络的反潜巡逻机协同搜潜目标态势评估流程如图 4-11 所示。

采用云贝叶斯网络方法进行目标态势评估，具体步骤如下：

第 1 步，选择相关态势评估指标作为观测节点，并总结建立对应的假设节点，按照节点间的因果联系构建贝叶斯有向无环图。

第 2 步，对贝叶斯网络中的连续型节点定义各节点的云族，并按照云族的特征和云发生器实现算法设计云发生器。

第 3 步，根据历史经验和专家知识，建立每个节点的条件概率表。

第 4 步，从探测设备获得节点变量的取值。对连续型节点变量进行云模型转换，根据确定度-概率转换公式将确定度转换为概率，作为节点的软证据（soft evidence）。对于离散型节点变量，若能给出确切的取

第 4 章　基于云贝叶斯网络的反潜巡逻机协同搜潜目标态势评估研究

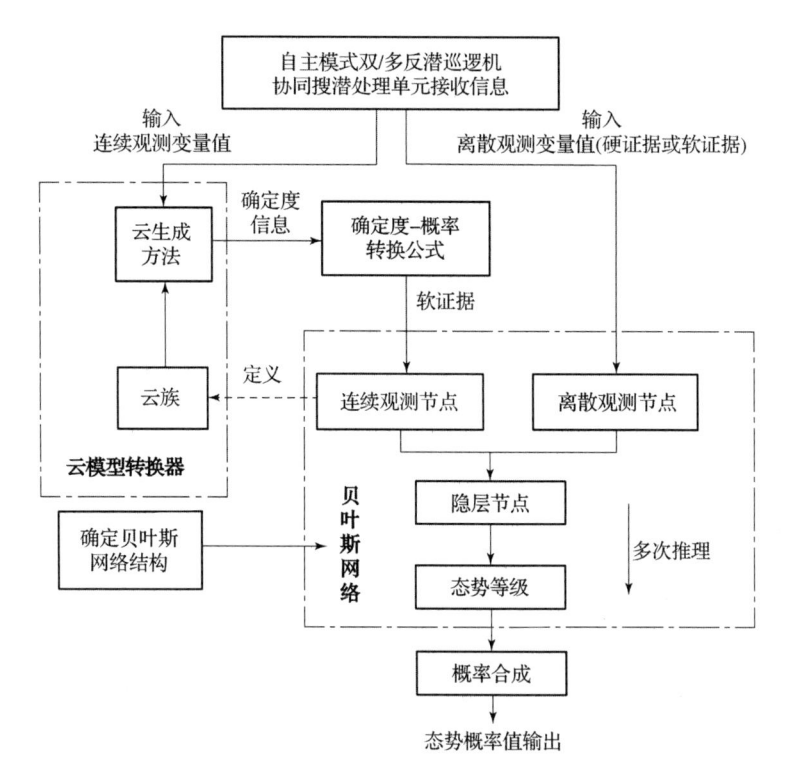

图 4-11　基于云贝叶斯网络的反潜巡逻机协同搜潜目标态势评估流程

值，则该取值可以作为节点的硬证据（hard evidence）；若仅能给出节点的可能分布概率，则此分布概率也可以作为节点的软证据。经过转换，所有节点变量的取值均是离散的。

第 5 步，在云贝叶斯网络中代入目标指标值。

第 6 步，根据建立的云贝叶斯网络推理计算，获得态势等级节点属于各态势等级的概率。

第 7 步，多次重复第 5 步和第 6 步，并记录各次推理结果，根据概率合成公式计算得出最终态势等级属于各态势等级的概率。

4.4.2　确定态势评估指标

反潜巡逻机协同搜潜目标态势评估是一个系统性的问题，需要考虑多方面因素。被动全向声呐浮标通常用于搜索大面积的区域覆盖，所获取的目标信息主要是潜艇的辐射噪声信息。根据潜艇的辐射噪声可以分析噪声的特征谱,依此用来识别潜艇特有的谱结构信息;另外,由于潜艇的辐射噪声与其航速有关,通常航速越大则辐射噪声越强,因此可以根据辐射噪声的强弱变化来分析潜艇的航速信息。主动全向浮标和被动定向浮标通常用于目标定位,主动全向浮标通过目标的回波对目标进行定位,通常潜艇回波的强弱与潜艇航向有关,一般正横方向的目标回波最强。在主动探测方式下,由于潜艇能够更早地发现主动探测的声信号并实施转向、下潜等规避动作,导致潜艇航向变化并进一步影响目标回波强度,因此主动探测的回波强弱特征在一定程度上可以识别潜艇的规避行动。磁探仪由于作用距离近,因此一般用来进行目标的定位、识别和跟踪,明显的磁异常信号可以作为识别潜艇的有利依据[89]。

综上所述,航向、速度、深度在一定程度上表明目标的意图,磁特征、噪声特征、噪声强度、回波强度是识别目标类型的重要依据,噪声强度在一定程度上体现目标的航速,回波强度在一定程度上表明目标的航向,主动探测会导致目标意图改变,进而影响目标的航向、航速、深度和相对位置信息,最终影响目标类型的识别。因此,选取反潜巡逻机评估指标包括:磁特征,噪声特征,噪声强度,回波强度,目标的航向、航速、深度、相对位置,目标类型,探测方式,目标意图。基于上述评估指标之间因果关系分析,建立图 4 - 12 所示的态势评估贝叶斯网络结构。

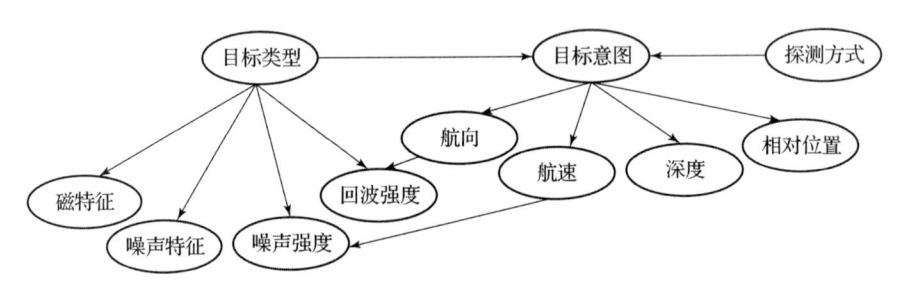

图 4 - 12 反潜巡逻机协同搜潜目标态势评估的贝叶斯网络结构

4.4.3 连续节点的云模型离散处理

若态势评估指标是定性概念,则其取值是离散的,可直接输入云贝叶斯网络;若态势评估指标是定量概念,则其取值是连续的,在选取的指标中(即贝叶斯网络的节点中,磁特性、噪声特征、回波强度、航向、航速和深度等节点信息),其状态均是连续值。对模糊连续随机变量要进行离散处理,在此采用云模型转换处理来实现连续节点的离散化:首先,在连续型变量的归一化论域中定义一个云族,并根据云族的特征和云发生器实现算法设计对应的一组云发生器,每个云发生器对应一个特定的定性概念;然后,将归一化变量值输入云发生器,输出得到变量值属于各个定性概念的确定度。

假设 U 是某连续型节点所对应的归一化论域,且 $U=[0,1]$,W_1,$W_2,\cdots,W_k$ 是论域 U 的一个划分,且满足以下3个条件:

① $\bigcup_{i=1}^{k} W_i = U$;
② $\bigcap_{i=1}^{k} W_i = \varnothing$;
③ $\forall u_i \in W_i$, $\forall u_j \in W_j$,如果 $\forall i<j$,则 $u_i < u_j$。

$U_1,U_2,\cdots,U_k$ 是相对于该划分的定性语言值,用来表示该节点的离散状态。$\forall u \in [0,1]$,$\mu_{U_i}(u)$ 表示 u 对 $U_i(i=1,2,\cdots,k)$ 的确定度,$\mu_{U_i}(u) \in [0,1]$,则 u 在 U_i 上的分布称为云 (C_{U_i}),每个 u 即一个云滴,表示为 $\mathrm{drop}(u,\mu_{U_i}(u))$,$C_{U_1},C_{U_2},\cdots,C_{U_k}$ 即云族,由此实现定性概念到定量数值的映射。云族中的云、定性概念以及云发生器三者一一对应。云的期望是最能代表定性概念的值,对应各区间的中心值,对期望 E_x、超熵 H_e 的计算可以采用不同的方法,如指标近似法、黄金分割法等,在此取值计算及其论域的划分情况如表4-1所示。

表4-1 论域的划分及其云数字特征计算

节点	U_1	$U_i, i=2,3,\cdots,k-1$	U_k
论域划分	$\left[0,\dfrac{1}{2(k-1)}\right]$	$\left[\dfrac{2(i-1)-1}{2(k-1)},\dfrac{2(i-1)+1}{2(k-1)}\right]$	$\left[\dfrac{2k-1}{2(k-1)},1\right]$
E_x	0	$\dfrac{i-1}{k-1}$	1
E_n	$\dfrac{1}{6(k-1)}$	$\dfrac{1}{6(k-1)}$	$\dfrac{1}{6(k-1)}$
H_e	$\dfrac{1}{60(k-1)}$	$\dfrac{1}{60(k-1)}$	$\dfrac{1}{60(k-1)}$

连续变量实现离散化后,在此设定各节点的离散状态数为3个或4

个,具体包括的要素及状态信息(即各网络节点的取值)如表 4-2 所示。

表 4-2 反潜巡逻机协同搜潜目标态势评估贝叶斯网络节点的取值

网络节点	节点状态				节点状态表示			
	元素1	元素2	元素3	元素4	元素1	元素2	元素3	元素4
目标类型(A)	潜艇	鱼群	假目标	—	A_1	A_2	A_3	—
探测方式(B)	主动	被动	—	—	B_1	B_2	—	—
目标意图(D)	攻击	突防	规避	未知	D_1	D_2	D_3	D_4
目标相对位置(E)	远	中	近	—	E_1	E_2	E_3	—
目标航速(F)	快速	低速	静止	—	F_1	F_2	—	—
下潜深度(G)	下潜	上浮	保持	—	G_1	G_2	G_3	—
目标航向(H)	接近	远离	—	—	H_1	H_2	—	—
回波强度(I)	强	保持	弱/无	—	I_1	I_2	I_3	—
噪声强度(J)	强	保持	弱/无	—	J_1	J_2	J_3	—
噪声特征(K)	潜艇	未知	非潜艇	—	K_1	K_2	K_3	—
磁特征(L)	磁异常	—	无异常	—	L_1	L_2	—	—

上述节点中,噪声特征(K)、磁特征(L)、回波强度(I)、噪声强度(J)、目标航向(H)、目标航速(F)和下潜深度(G)是测量节点,目标类型(A)、目标意图(D)是需要评估的节点,探测方式(B)和目标相对位置(E)节点是输入条件。节点变量的离散状态个数可根据实际应用增加设定,以获取更高精度。

4.4.4 确定度-概率转换公式

云表示的定性概念和变量的离散状态是对应的,因此获得的各个云的确定度就与变量的观测值属于各个状态的概率保持一致,但是确定度不具备概率所需的规范性,因此本节采用以下公式将确定度转换为概率:

$$p(u_i) = \frac{\mu(u_i)^{1/\alpha}}{\sum_{i=1}^{k}\mu(u_i)^{1/\alpha}} \qquad (4-5)$$

式中，$\mu(u_i)$——确定度；

$p(u_i)$——概率；

α——检验确定度与概率一致性的常量，$0 < \alpha \leq 1$，α 越大则确定度与概率的一致性越大，在此取 $\alpha = 1$。

4.4.5 概率合成公式

为减弱或消除信息的不确定性对最后的目标类型和目标意图的影响，通常进行多次重复推理，然后通过概率合成公式计算出最终目标类型条件下目标意图的概率。假设目标类型有 f 个元素：$K_1, K_2, \cdots, K_f$，经过 l 次重复推理，取得第 l 次推理结果 P_l：

$$P_l = \{P_l(K_1), P_l(K_2), \cdots, P_l(K_f)\} \qquad (4-6)$$

再利用概率组合算法组合各次推理结果 $P_1, P_2, \cdots, P_l$，得到目标类型的概率 P：

$$P = \{P(K_1), P(K_2), \cdots, P(K_f)\} \qquad (4-7)$$

式中，$P(K_i) = \dfrac{\sum_{n=1}^{l} P_n(K_i)}{\sum_{m=1}^{f}\sum_{n=1}^{l} P_n(K_m)}$，$i = 1, 2, \cdots, f$。

假设目标意图有 h 个元素，$k_1, k_2, \cdots, k_h$，经过 l 次推理，取得第 l 次推理结果 p_l：

$$p_l = \{p_l(k_1), p_l(k_2), \cdots, p_l(k_h)\} \qquad (4-8)$$

合成各次推理结果 $p_1, p_2, \cdots, p_l$，得到目标意图的概率 p：

$$p = \{p(k_1), p(k_2), \cdots, p(k_h)\} \qquad (4-9)$$

式中，$p(k_i) = \dfrac{\sum_{n=1}^{l} p_n(k_i)}{\sum_{m=1}^{f}\sum_{n=1}^{l} p_n(k_m)}$，$i = 1, 2, \cdots, h$。

4.4.6 仿真验证与分析

假设夏季某一时刻 t，根据情报通报，在某一海域位置存在疑似潜艇目标，目标航向未知。两架反潜巡逻机接到命令，以巡逻速度 500 km/h 前往该海域执行应召反潜任务，协同搜索目标，判断目标类型和目标意图，并对目标态势进行评估。在此过程中，两架反潜巡逻机是自主模式协同搜潜的平等地位，通过数据链多源信息共享。其中，第 1 阶段，声呐搜索到某潜艇目标，同时收到协同数据链的信息；第 2 阶段，磁探仪工作，数据链传输信息。每个阶段利用多源的信息综合推理识别目标，最终锁定潜艇目标，并判断潜艇目标的意图。为了所建模型的实用性，仿真程序中采用的水文条件[63]如表 4-3 所示，初始数据信息如表 4-4 所示。

表 4-3 水文条件

水文指标	数据	水文指标	数据
海水盐度/‰	35	风速/kn	8
海水温度/℃	18	海底类型	泥沙底
海区深度/m	0~610	温度梯度	等温层

表 4-4 初始数据信息

网络节点	观测信息	网络节点	观测信息
探测方式（B）	主动	目标航向（H）	未知
目标相对位置（E）	100 km	回波强度（I）	未知
目标航速（F）	10 kn	噪声强度（J）	100 dB
下潜深度（G）	80 m		

在该水文条件下，被动全向声呐浮标工作深度为 15 m 时，被动全向声呐浮标对不同航深潜艇的作用范围的仿真三维视场如图 4-13~图 4-15 所示（图中的圆球代表浮标，深色区域为探测盲区，浅色区域为可探测区域），二维截面仿真结果如图 4-16~图 4-18 所示；被动全向声呐浮标在不同工作深度对不同航深潜艇作用距离的仿真结果如图 4-19~图 4-21 所示；被动浮标工作深度 40 m 时，被动全向声呐浮标和被动定向声呐浮标对不同航深潜艇作用距离的仿真结果如图 4-22~图 4-24 所

第4章 基于云贝叶斯网络的反潜巡逻机协同搜潜目标态势评估研究

示。被动全向声呐浮标工作在 15 m、40 m、150 m 等不同深度时,对不同类型潜艇的瞬时探测概率如图 4-25~图 4-33 所示,平均探测概率如图 4-34~图 4-36 所示。设定监听时间 3 h,不考虑目标潜艇的规避机动,圆形包围阵、覆盖阵分别布设不同被动全向声呐浮标数量和间距,对航向航速未知、航深为 45~160 m 的静音型目标潜艇在监听时间内的发现概率如图 4-37、图 4-38 所示。

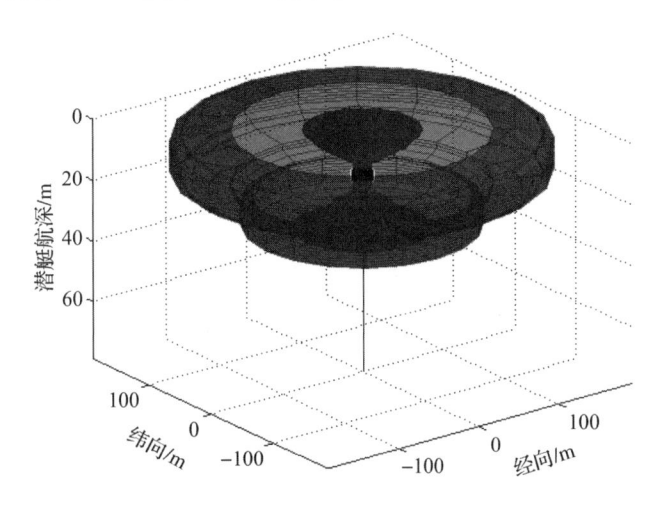

图 4-13 被动全向声呐浮标对极静型潜艇作用范围的仿真三维视场

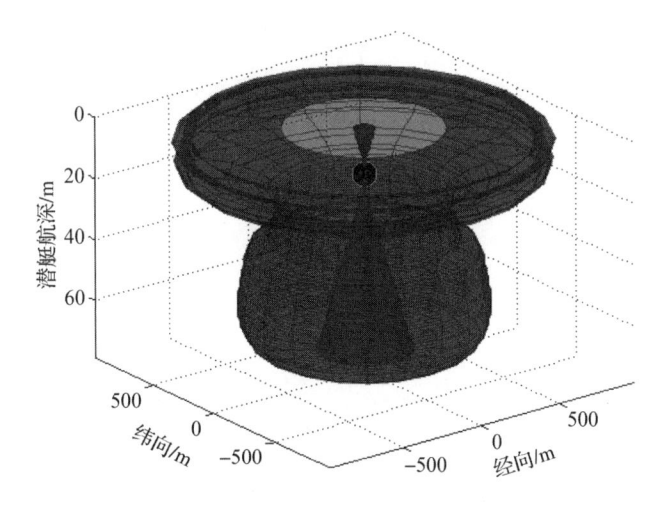

图 4-14 被动全向声呐浮标对静音潜艇作用范围的仿真三维视场

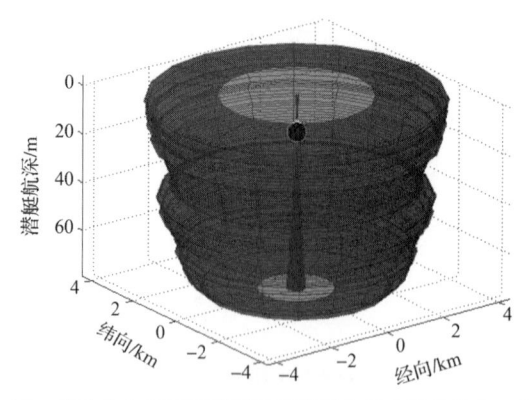

图 4-15　被动全向声呐浮标对噪声潜艇作用范围的仿真三维视场

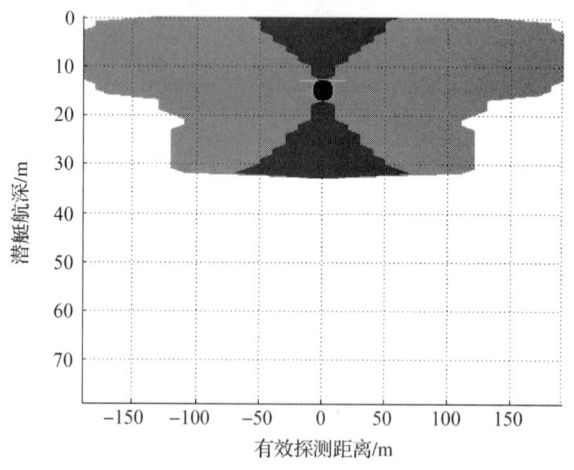

图 4-16　被动全向声呐浮标对极静型潜艇作用范围的二维截面仿真结果

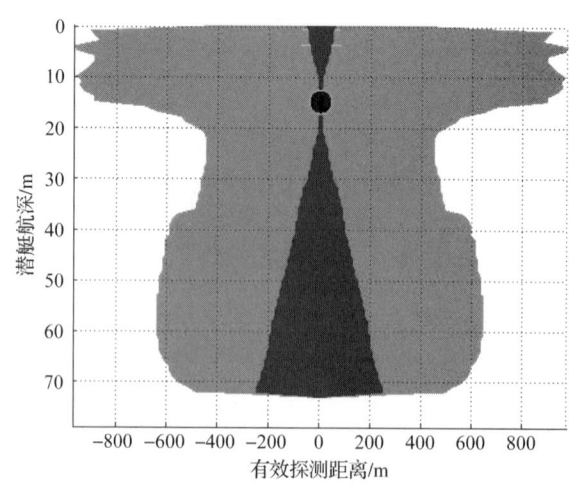

图 4-17　被动全向声呐浮标对静音潜艇作用范围的二维截面仿真结果

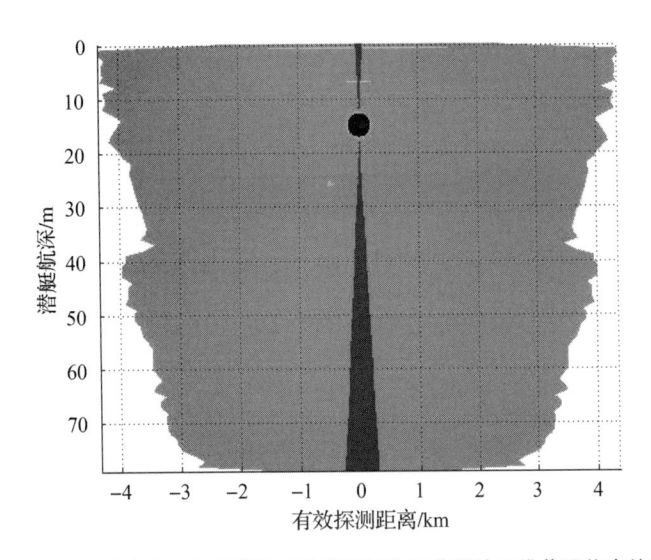

第 4 章　基于云贝叶斯网络的反潜巡逻机协同搜潜目标态势评估研究

图 4-18　被动全向声呐浮标对噪声潜艇作用范围的二维截面仿真结果

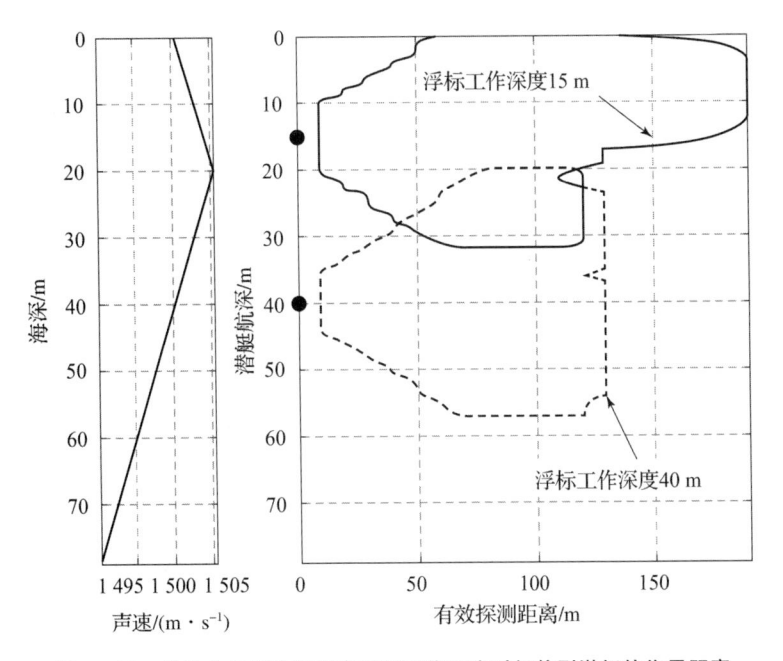

图 4-19　被动全向声呐浮标在不同工作深度对极静型潜艇的作用距离

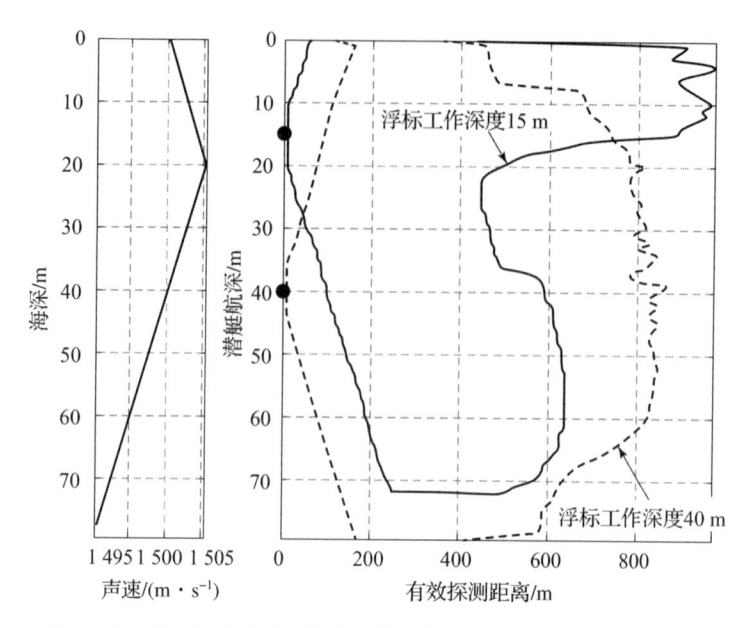

图 4-20 被动全向声呐浮标在不同工作深度对静音潜艇的作用距离

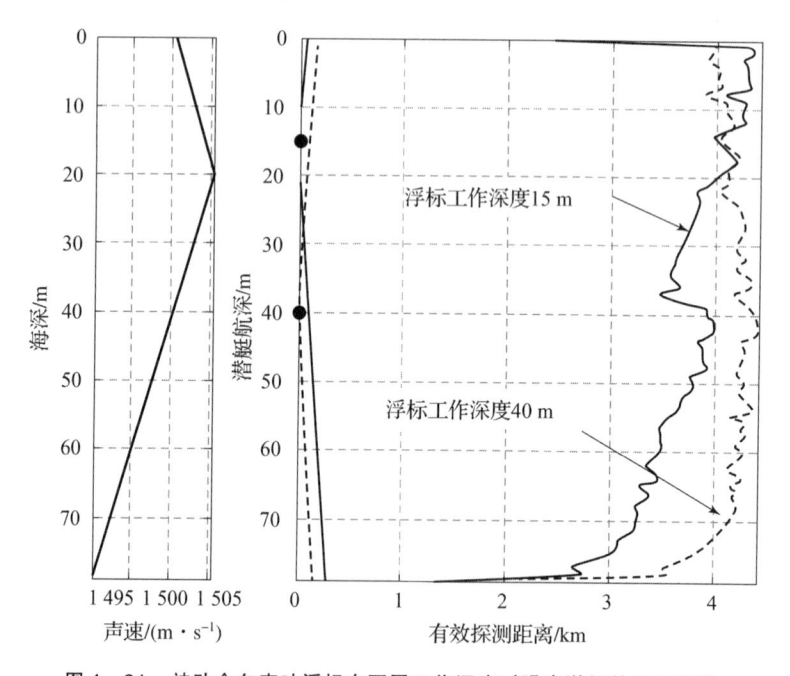

图 4-21 被动全向声呐浮标在不同工作深度对噪声潜艇的作用距离

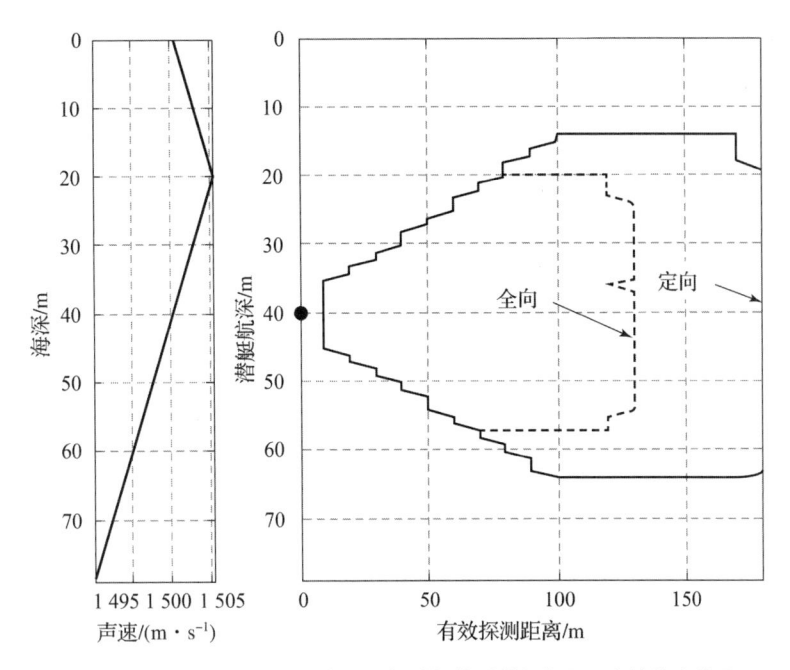

图 4-22 被动全向和定向声呐浮标对极静型潜艇作用距离的仿真结果

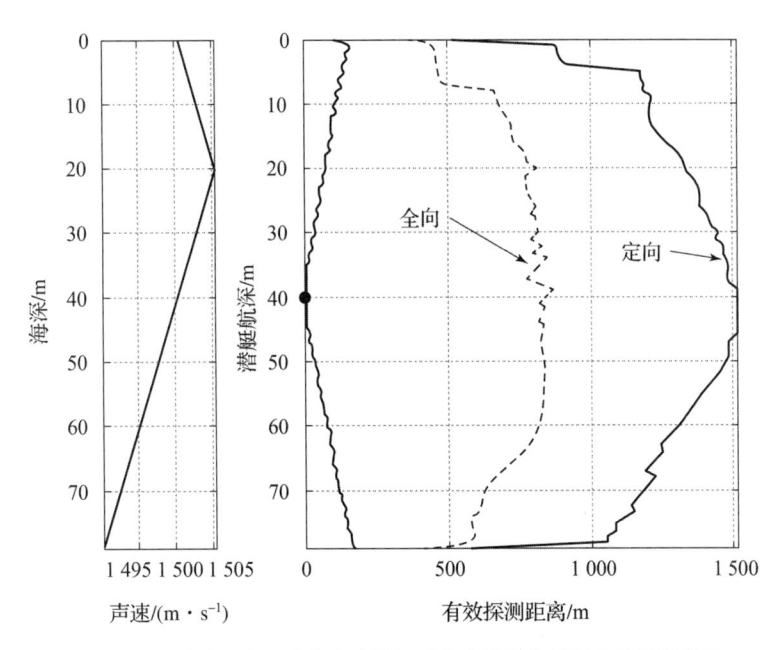

图 4-23 被动全向和定向声呐浮标对静音潜艇作用距离的仿真结果

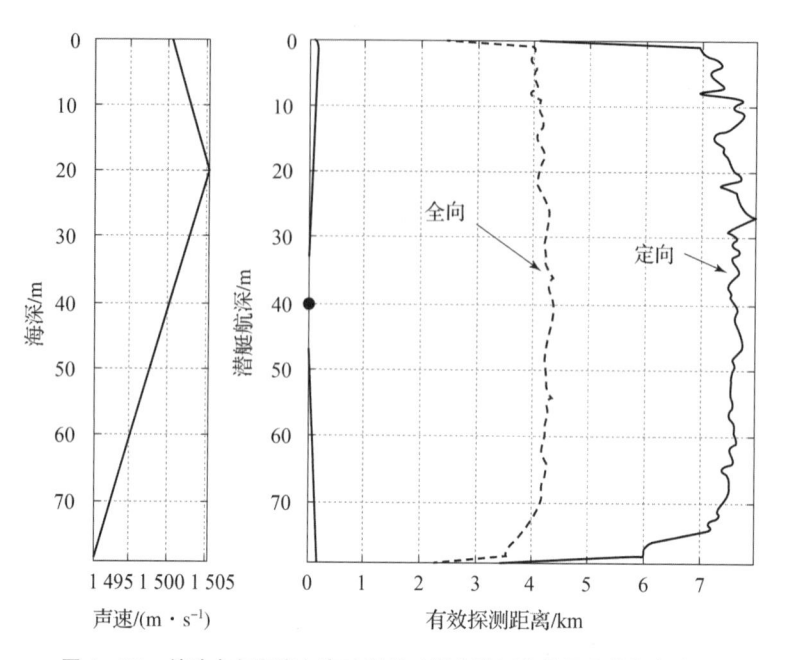

图 4-24 被动全向和定向声呐浮标对噪声潜艇作用距离的仿真结果

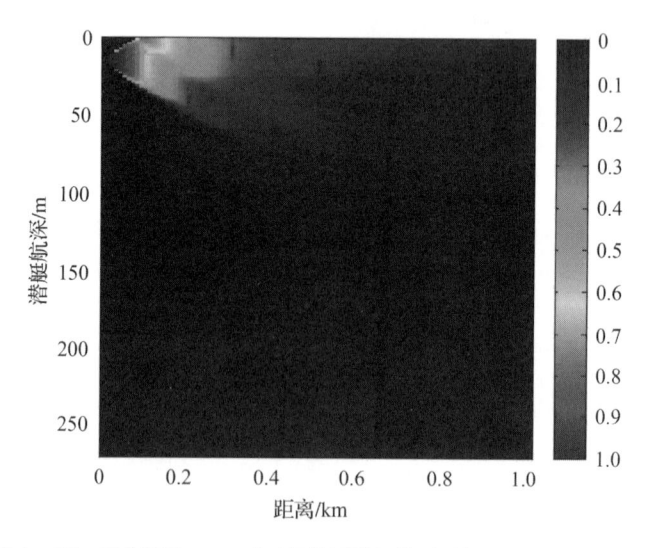

图 4-25 工作深度 15 m 时对极静型潜艇的瞬时探测概率（附彩图）

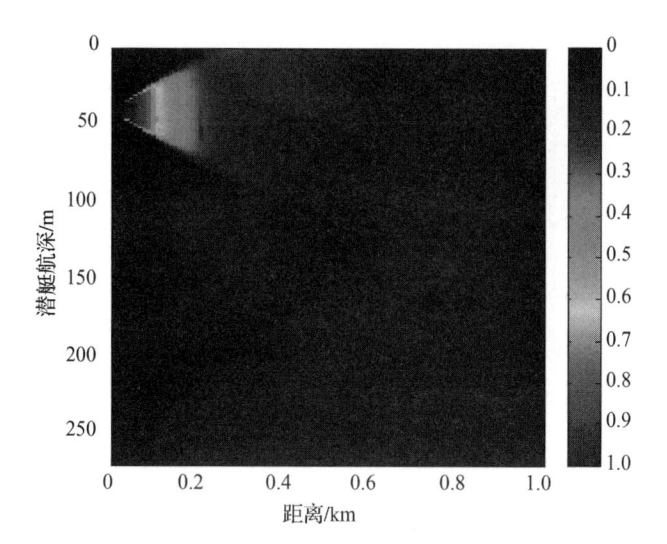

第 4 章 基于云贝叶斯网络的反潜巡逻机协同搜潜目标态势评估研究

图 4 – 26 工作深度 40 m 时对极静型潜艇的瞬时探测概率（附彩图）

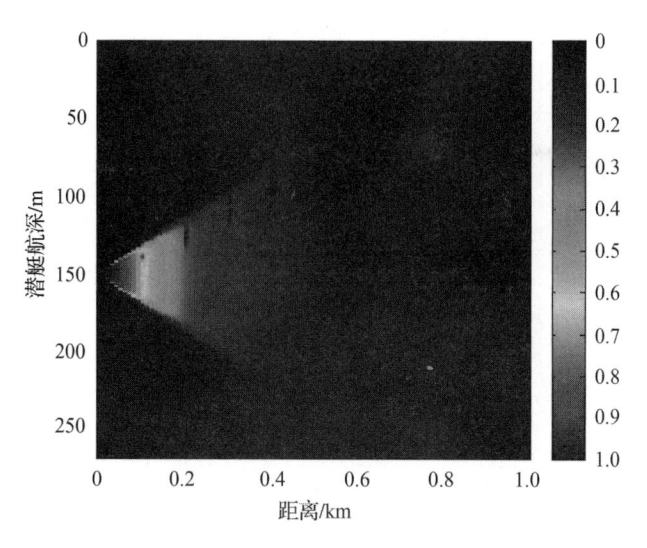

图 4 – 27 工作深度 150 m 时对极静型潜艇的瞬时探测概率（附彩图）

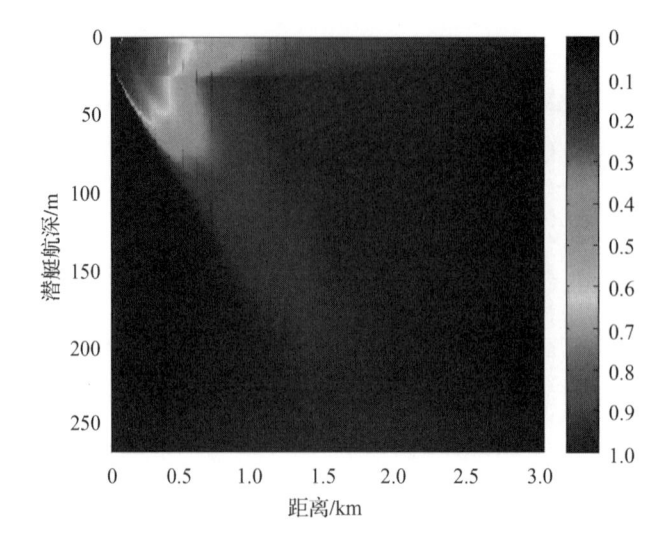

图 4-28　工作深度 15 m 时对静音潜艇的瞬时探测概率（附彩图）

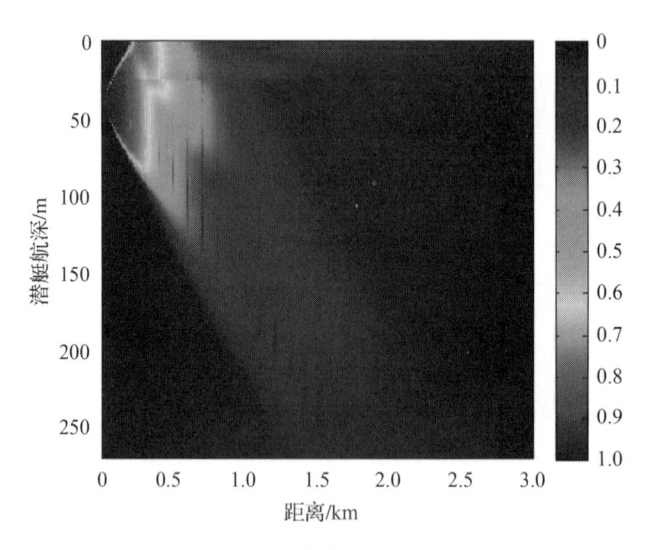

图 4-29　工作深度 40 m 时对静音潜艇的瞬时探测概率（附彩图）

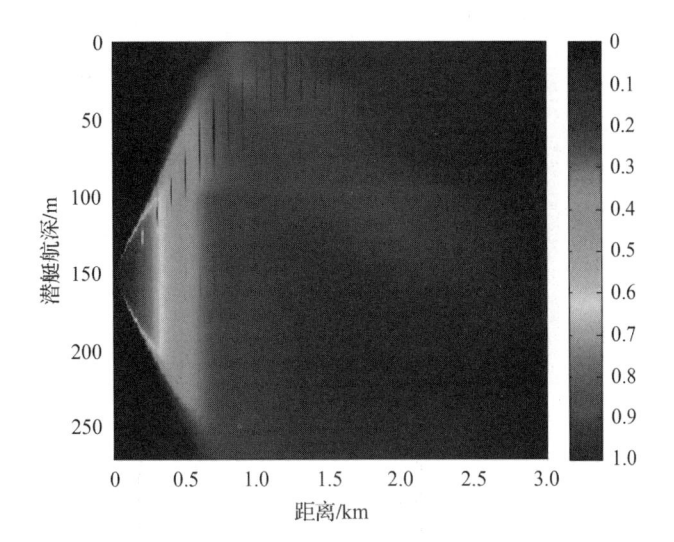

第 4 章　基于云贝叶斯网络的反潜巡逻机协同搜潜目标态势评估研究

图 4-30　工作深度 150 m 时对静音潜艇的瞬时探测概率（附彩图）

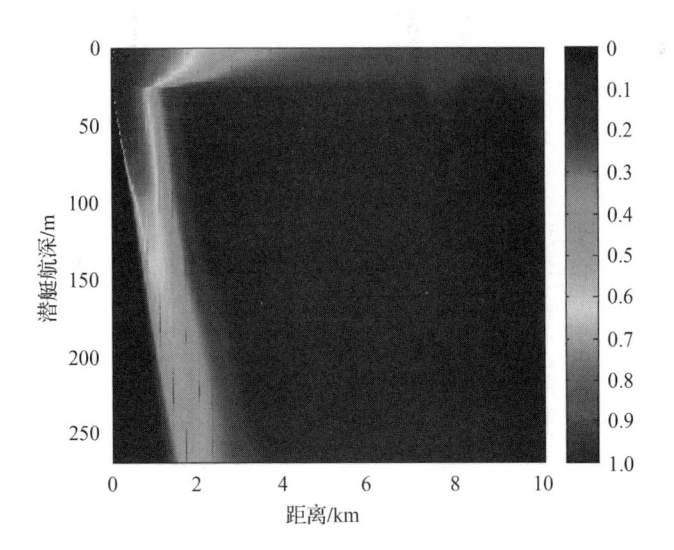

图 4-31　工作深度 15 m 时对噪声潜艇的瞬时探测概率（附彩图）

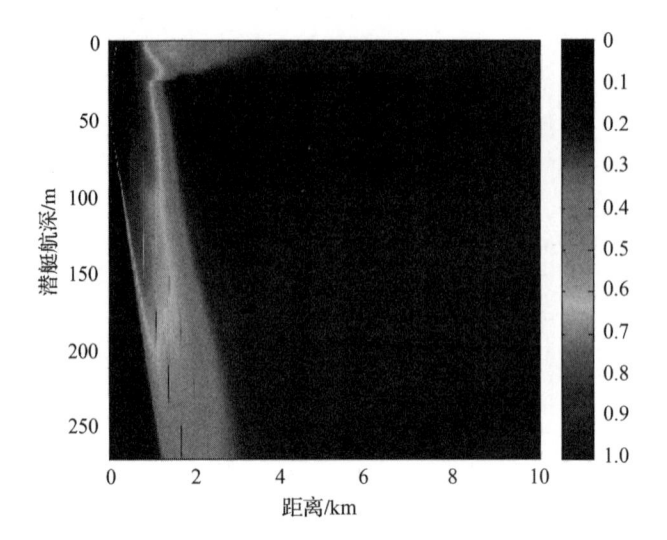

图 4-32　工作深度 40 m 时对噪声潜艇的瞬时探测概率（附彩图）

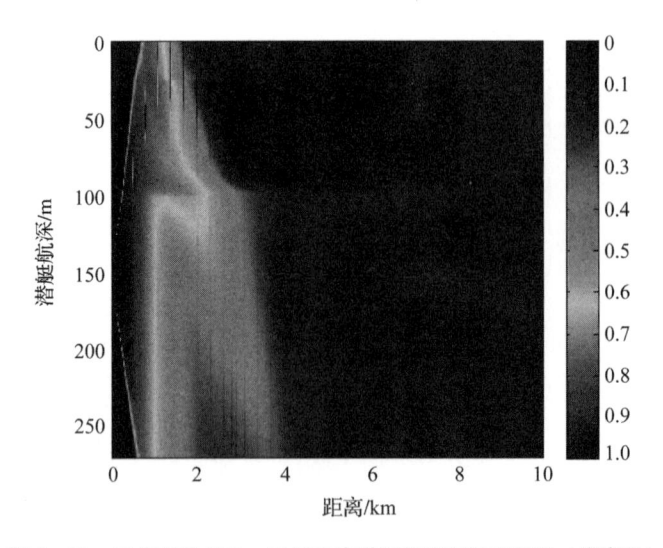

图 4-33　工作深度 150 m 时对噪声潜艇的瞬时探测概率（附彩图）

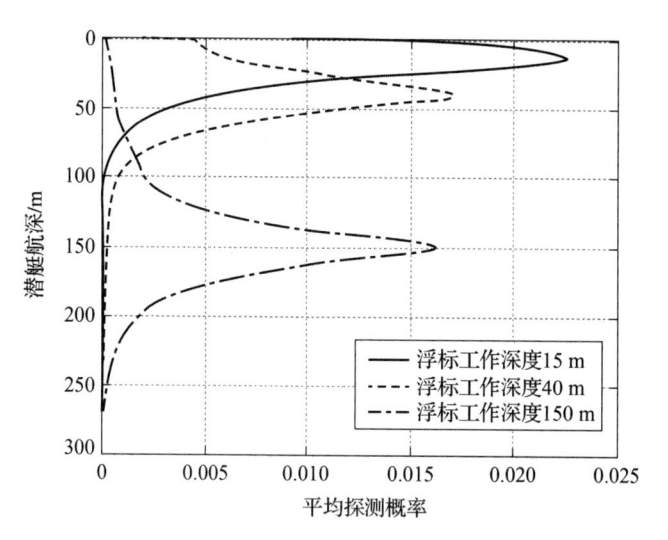

第4章 基于云贝叶斯网络的反潜巡逻机协同搜潜目标态势评估研究

图 4-34 对极静型潜艇的平均探测概率

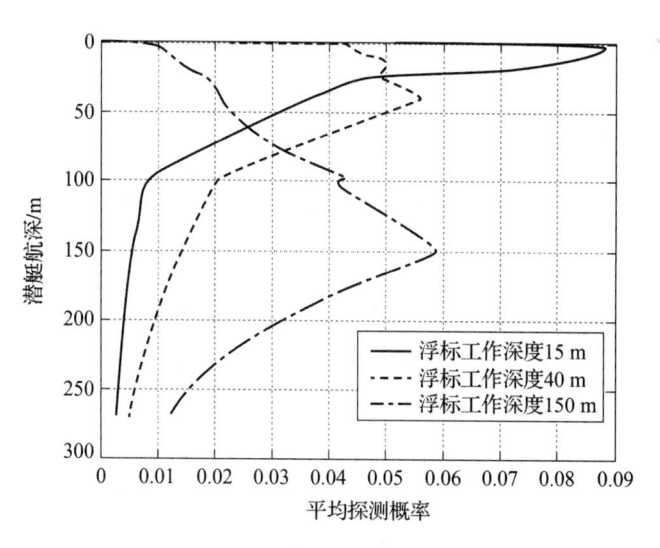

图 4-35 对静音潜艇的平均探测概率

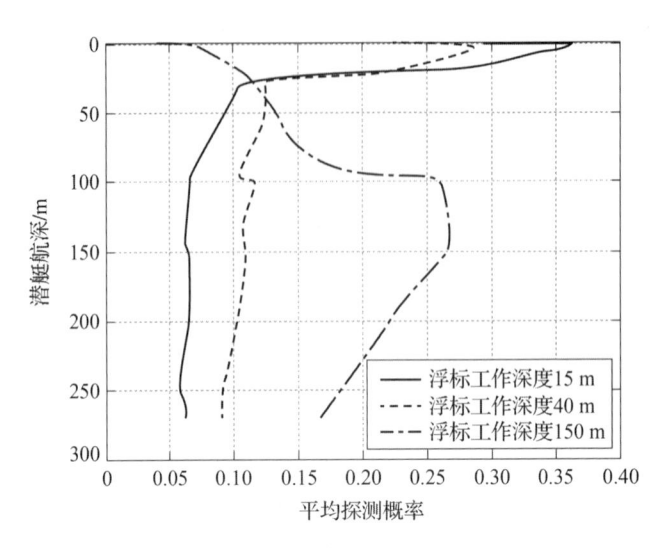

图 4-36 对噪声潜艇的平均探测概率

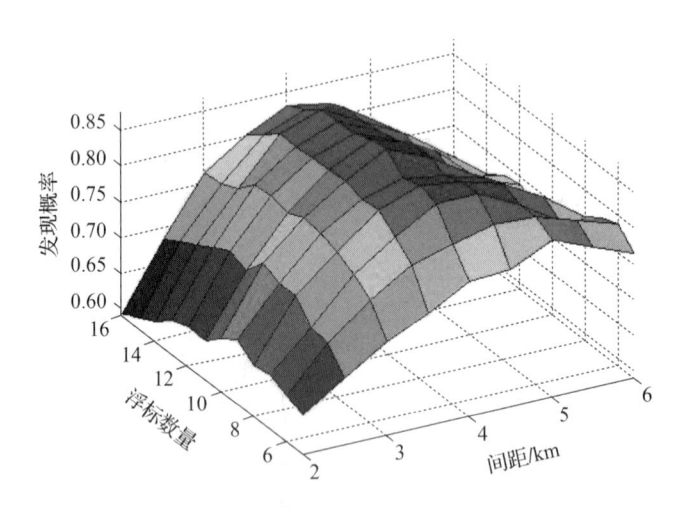

图 4-37 圆形包围阵发现概率（附彩图）

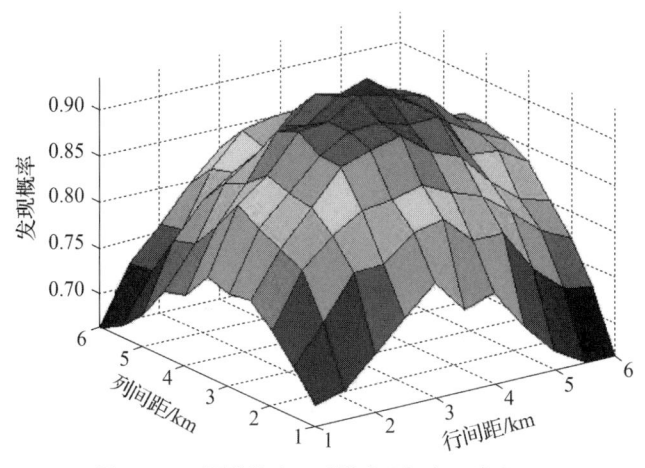

第4章 基于云贝叶斯网络的反潜巡逻机协同搜潜目标态势评估研究

图4-38 覆盖阵应召反潜发现概率（附彩图）

其余仿真条件不变，主动全向声呐浮标工作深度 40 m 时，对敷瓦潜艇、未敷瓦潜艇的作用距离如图 4-39、图 4-40 所示。假设考虑目标潜艇的规避机动，对浮标间距为 4 km 的三角阵，航深分别为 45 m 和 150 m 敷瓦潜艇的瞬时探测概率覆盖范围仿真结果如图 4-41、图 4-42 所示。主动全向声呐浮标工作在 15 m、40 m、150 m 等不同工作深度时，对不同类型潜艇的瞬时探测概率如图 4-43～图 4-48 所示，主动全向声呐浮标

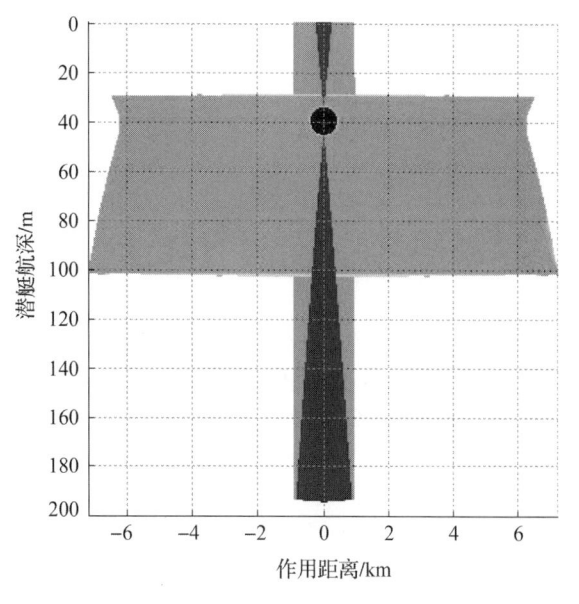

图4-39 主动全向声呐浮标对敷瓦潜艇的作用距离

工作在 15 m、40 m、150 m 这 3 个工作深度的平均探测概率如图 4-49、图 4-50 所示。设定监听时间为 30 min，考虑目标潜艇的规避机动，三角阵、十字阵布设不同间距的主动全向声呐浮标，对航速已知航向均未知、航深为 45~160 m 的目标潜艇，发现概率如图 4-51~图 4-54 所示。

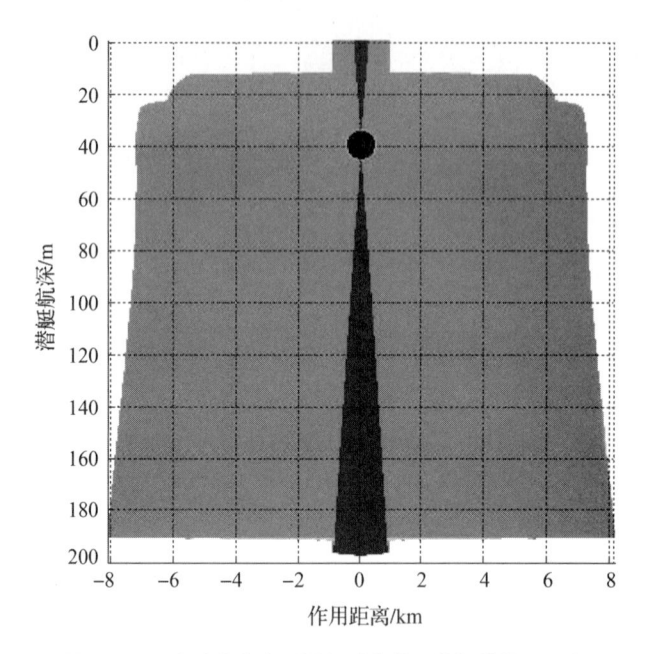

图 4-40　主动全向声明浮标对未敷瓦潜艇的作用距离

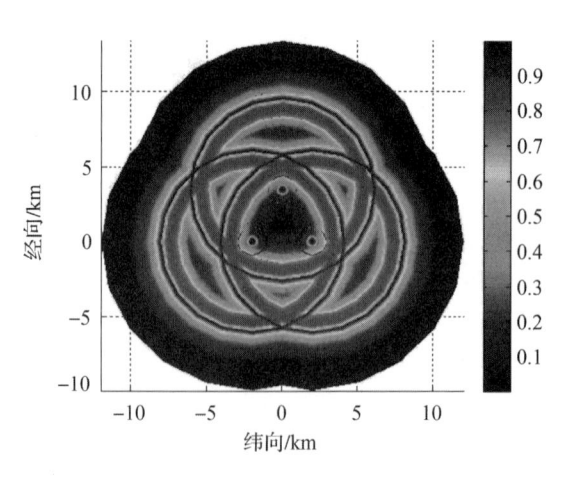

图 4-41　对航深为 45 m 敷瓦潜艇的瞬时探测概率覆盖范围（附彩图）

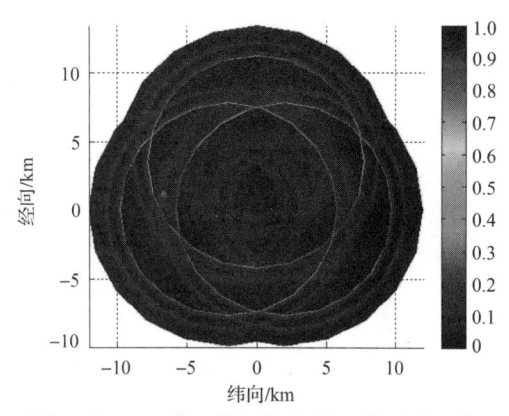

第 4 章　基于云贝叶斯网络的反潜巡逻机协同搜潜目标态势评估研究

图 4-42　对航深为 150 m 敷瓦潜艇的瞬时探测概率覆盖范围（附彩图）

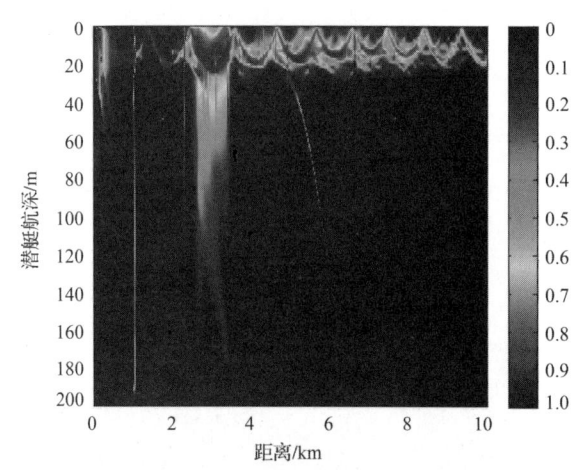

图 4-43　工作深度 15 m 时对敷瓦潜艇的瞬时探测概率（附彩图）

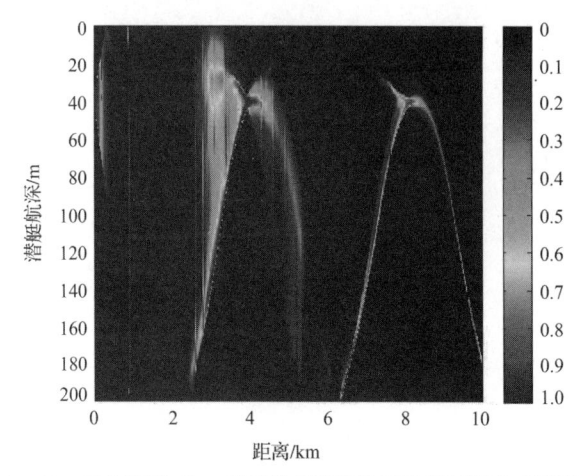

图 4-44　工作深度 40 m 时对敷瓦潜艇的瞬时探测概率（附彩图）

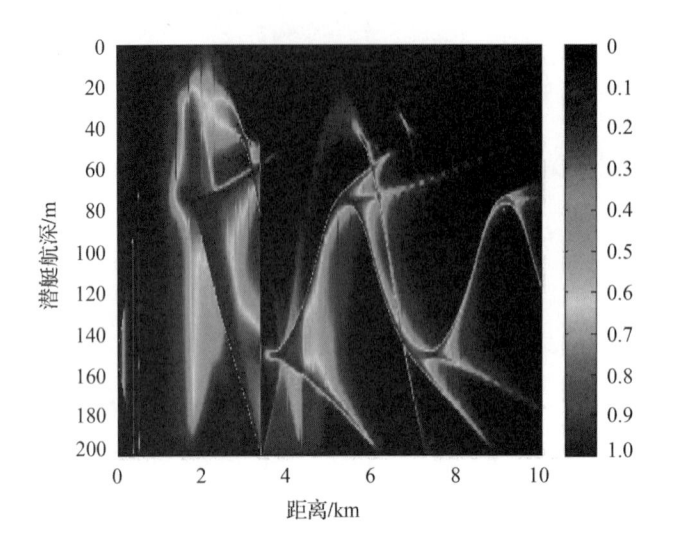

图 4-45 工作深度 150 m 时对敷瓦潜艇的瞬时探测概率（附彩图）

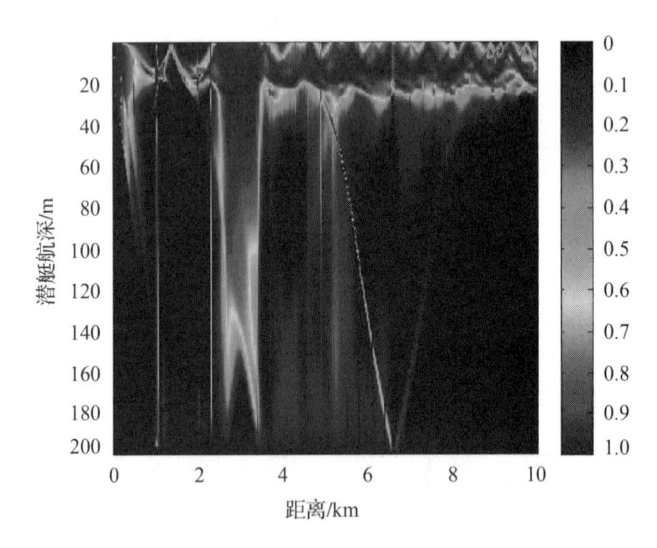

图 4-46 工作深度 15 m 时对未敷瓦潜艇的瞬时探测概率（附彩图）

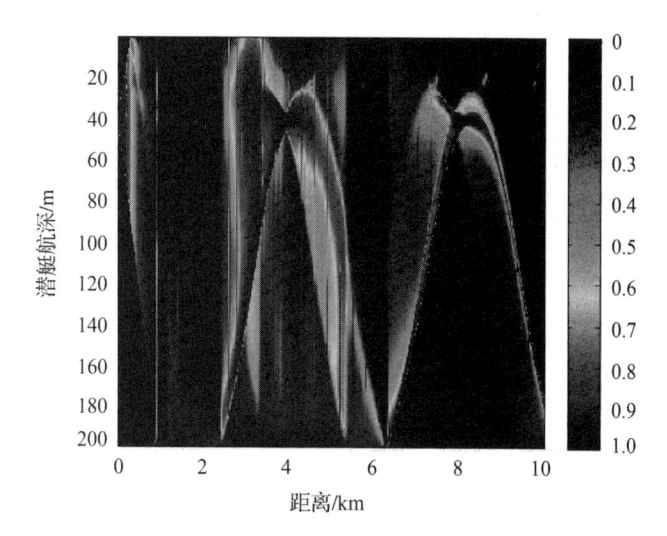

第 4 章　基于云贝叶斯网络的反潜巡逻机协同搜潜目标态势评估研究

图 4-47　工作深度 40 m 时对未敷瓦潜艇的瞬时探测概率（附彩图）

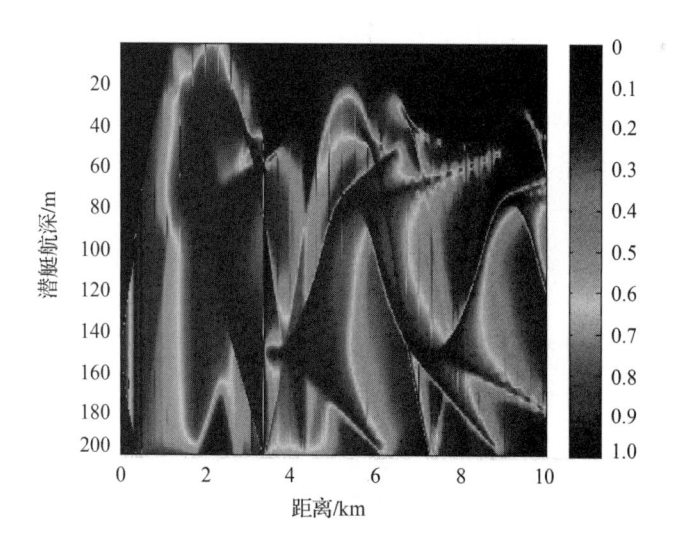

图 4-48　工作深度 150 m 时对未敷瓦潜艇的瞬时探测概率（附彩图）

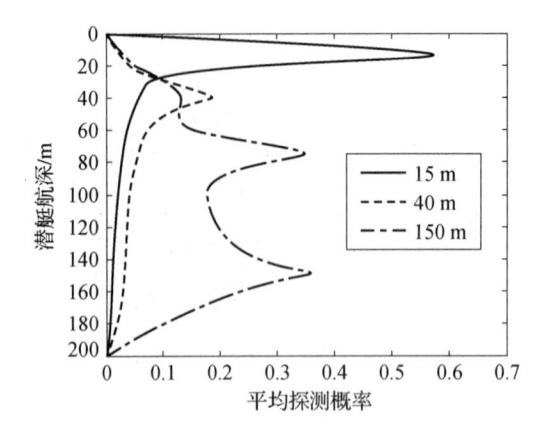

图 4-49 对敷瓦潜艇的平均探测概率

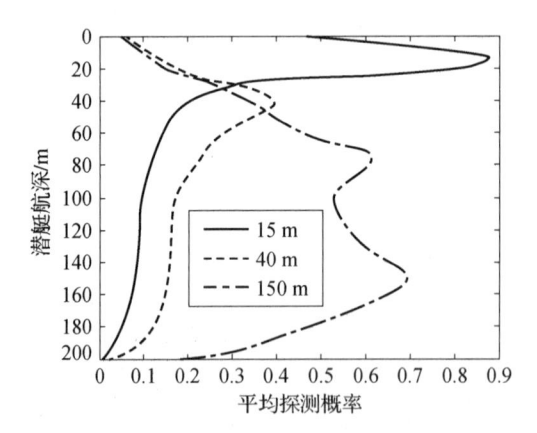

图 4-50 对未敷瓦潜艇的平均探测概率

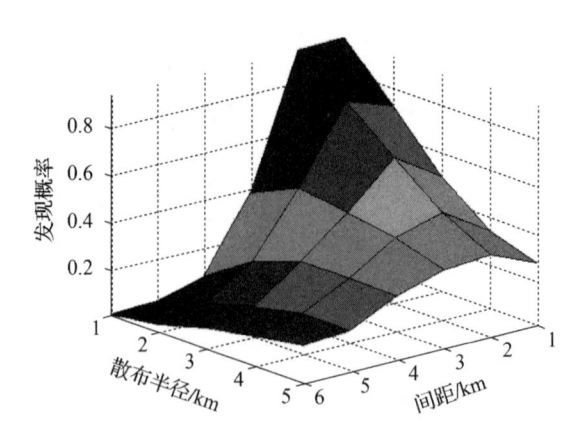

图 4-51 三角阵对敷瓦潜艇的发现概率（附彩图）

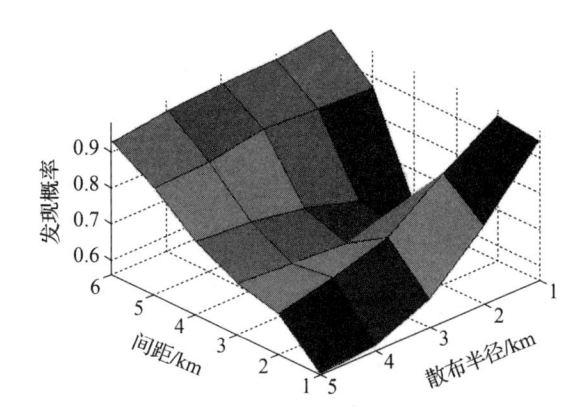

第 4 章　基于云贝叶斯网络的反潜巡逻机协同搜潜目标态势评估研究

图 4-52　三角阵对未敷瓦潜艇的发现概率（附彩图）

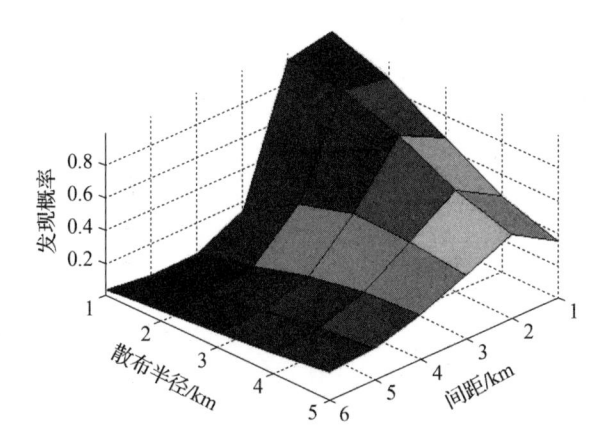

图 4-53　十字阵对敷瓦潜艇的发现概率（附彩图）

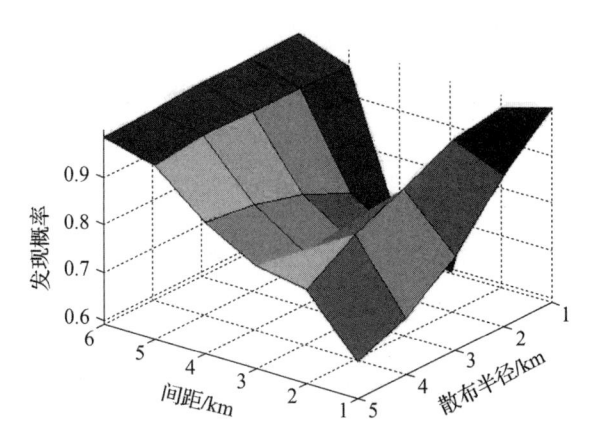

图 4-54　十字阵对未敷瓦潜艇的发现概率（附彩图）

在表 4-4 所列的数据信息中，定性概念的取值是离散的，以硬证据的形式直接输入云贝叶斯网络；定量概念的取值是连续的，要先进行归一化处理，再经过云模型转换和确定度-概率转换后，作为软证据输入云贝叶斯网络。

进行贝叶斯网络推理时，首先要建立模型内各节点之间的条件概率，在仿真过程中，各节点的条件概率根据 4.3.2 节建立的贝叶斯网络指标体系进行计算。根据反潜作战经验规律，在"被动"探测方式下，潜艇无法感知探测行动；当潜艇距离攻击目标在"远"和"中"两种状态时，其可能的意图主要是采用潜射导弹"攻击"和进一步"突防"，"规避"的概率最低，因此"攻击"和"突防"意图的概率分配应该相等，"规避"的概率最小；当潜艇距离攻击目标在"近"的状态下，因为攻击目标很可能已经进入其射距以内，所以其最可能的意图是鱼雷"攻击"，其次是"规避"，而最小的是"突防"。在"主动"探测方式下，潜艇发现探测行动的概率提高，因此潜艇"规避"的概率大幅升高；当目标类型为鱼群时，不论其距离远近，或者是否已经发现探测行动，都不会出现"攻击""突防"或者"规避"的意图，所以可将此时潜艇的意图设定为"未知"；当目标类型为"假目标"时，不论其距离远近，或者是否已经发现探测行动，都不会出现"攻击"的意图，此时潜艇的可能意图是"突防"和"规避"。

综上，在目标类型、探测方式和目标相对位置已知条件下，目标意图的条件概率如表 4-5 所示，其中目标意图 $D = \{D_1, D_2, D_3, D_4\}$，探测方式 $B = \{B_1, B_2\}$，目标位置 $E = \{E_1, E_2, E_3\}$，目标类型 $A = \{A_1, A_2, A_3\}$。

表 4-5 目标意图的条件概率表 (CPT)

(a) $P(D_k|A_1B_nE_m)$ CPT

目标意图	$P(D_k\|A_1B_1E_1)$	$P(D_k\|A_1B_1E_2)$	$P(D_k\|A_1B_1E_3)$	$P(D_k\|A_1B_2E_1)$	$P(D_k\|A_1B_2E_2)$	$P(D_k\|A_1B_2E_3)$
D_1	0.20	0.20	0.30	0.40	0.40	0.70
D_2	0.10	0.10	0.10	0.40	0.40	0.10
D_3	0.70	0.70	0.60	0.20	0.20	0.20
D_4	0	0	0	0	0	0

第 4 章 基于云贝叶斯网络的反潜巡逻机协同搜潜目标态势评估研究

(b) $P(D_k|A_2B_nE_m)$ CPT

目标意图	$P(D_k\|A_2B_1E_1)$	$P(D_k\|A_2B_1E_2)$	$P(D_k\|A_2B_1E_3)$	$P(D_k\|A_2B_2E_1)$	$P(D_k\|A_2B_2E_2)$	$P(D_k\|A_2B_2E_3)$
D_1	0	0	0	0	0	0
D_2	0	0	0	0	0	0
D_3	0	0	0	0	0	0
D_4	1	1	1	1	1	1

(c) $P(D_k|A_3B_nE_m)$ CPT

目标意图	$P(D_k\|A_3B_1E_1)$	$P(D_k\|A_3B_1E_2)$	$P(D_k\|A_3B_1E_3)$	$P(D_k\|A_3B_2E_1)$	$P(D_k\|A_3B_2E_2)$	$P(D_k\|A_3B_2E_3)$
D_1	0	0	0	0	0	0
D_2	0.50	0.50	0.50	0.50	0.50	0.50
D_3	0.50	0.50	0.50	0.50	0.50	0.50
D_4	0	0	0	0	0	0

根据反潜作战经验规律，在目标意图已知条件下，如果目标意图是"攻击"和"突防"，则接近攻击目标的概率将更大，保持低速的概率更高；如果目标意图是"规避"，则"远离"攻击目标的概率将更大，"快速"脱离的概率将更高或者保持"低速"以降低自身噪声辐射，因此两者概率相等；如果目标意图是"突防"，则"保持"中等深度的概率将更大，"上浮"的概率最低；如果目标意图为"规避"，则"下潜"的概率将更大，基本上不会上浮至水面附近。在目标类型已知条件下，如果目标类型为"潜艇"，则其辐射噪声的潜艇噪声特征和磁异常概率会更大；如果目标类型为"鱼群"，则其辐射噪声的非潜艇噪声特征和无磁异常概率会更大；如果目标类型为"假目标"，则其辐射噪声的潜艇噪声特征将与潜艇相似，但磁异常特征概率小。在目标类型和目标航向已知条件下，如果目标潜艇处于"远"状态，则其回波强度"弱"的概率大；如果处于"近"状态，则其回波强度"强"的概率大；如果目标类

型为"鱼群",则通常认为鱼群的状态独立于其他节点的状态,因此其回波特征"保持"不变的概率最高;如果目标类型为"假目标",则无论其状态如何,回波强度都会比较"强"。在目标类型和目标航速为已知条件下,如果目标潜艇的状态为"快速",则其噪声强度"强",航速在"低速"状态时的噪声强度"弱";如果目标类型为"鱼群",则通常认为鱼群的状态独立于其他节点的状态,因此其噪声强度一般变化很"弱";如果目标类型为"假目标",则无论其状态如何,噪声强度都会比较"强"。

综上,在目标意图已知条件下,航向、航速和下潜深度的条件概率表(CTP)如表4-6所示;在目标类型已知条件下,噪声特征、磁特征的条件概率表如表4-7所示。在目标类型和目标航向已知条件下,回波强度的条件概率表如表4-8所示;在目标类型和目标航速已知条件下,噪声强度的条件概率表如表4-9所示。其中,目标意图 $D_k = \{D_1, D_2, D_3, D_4\}$,目标航速 $F = \{F_1, F_2\}$,下潜深度 $G = \{G_1, G_2, G_3\}$,目标航向 $H = \{H_1, H_2\}$,回波强度 $I = \{I_1, I_2, I_3\}$,噪声强度 $J = \{J_1, J_2, J_3\}$,噪声特征 $K = \{K_1, K_2, K_3\}$,磁特征 $L = \{L_1, L_2\}$。

表4-6 目标航向、目标航速和下潜深度的条件概率表

目标意图	$P(H_1\|D_k)$	$P(H_2\|D_k)$	$P(F_1\|D_k)$	$P(F_2\|D_k)$	$P(G_1\|D_k)$	$P(G_2\|D_k)$	$P(G_3\|D_k)$
D_1	0.80	0.20	0.20	0.80	0.10	0.1	0.8
D_2	0.80	0.20	0.20	0.80	0.30	0.1	0.6
D_3	0.30	0.70	0.50	0.50	0.80	0	0.2
D_4	0.50	0.50	0.50	0.50	0.33	0.33	0.34

表4-7 噪声特征、磁特征的条件概率表

目标类型	$P(K_1\|A_j)$	$P(K_2\|A_j)$	$P(K_3\|A_j)$	$P(L_1\|A_j)$	$P(L_2\|A_j)$
A_1	0.67	0.33	0	0.90	0.10
A_2	0	0.33	0.67	0.10	0.90
A_3	0.67	0.33	0	0.20	0.80

第4章 基于云贝叶斯网络的反潜巡逻机协同搜潜目标态势评估研究

表4-8 回波强度的条件概率表

回波强度	$P(I_i\|A_1H_1)$	$P(I_i\|A_1H_2)$	$P(I_i\|A_2H_1)$	$P(I_i\|A_2H_2)$	$P(I_i\|A_3H_1)$	$P(I_i\|A_3H_2)$
I_1	0	0.67	0.17	0.16	0.80	0.80
I_2	0.33	0.33	0.67	0.67	0.10	0.10
I_3	0.67	0	0.17	0.16	0.10	0.10

表4-9 噪声强度的条件概率表

噪声强度	$P(J_i\|A_1F_1)$	$P(J_i\|A_1F_2)$	$P(J_i\|A_2F_1)$	$P(J_i\|A_2F_2)$	$P(J_i\|A_3F_1)$	$P(J_i\|A_3F_2)$
J_1	0.67	0.67	0.17	0.16	0.80	0.80
J_2	0.33	0.33	0.67	0.67	0.10	0.10
J_3	0	0	0.17	0.16	0.10	0.10

仿真计算使用 MATLAB 的 BNT 工具箱，选择贝叶斯网络工具箱中的联结树算法作为推理算法，经由云贝叶斯网络多次推理计算后，再利用概率组合算法组合各次推理结果，计算结果如图4-55~图4-57所示。

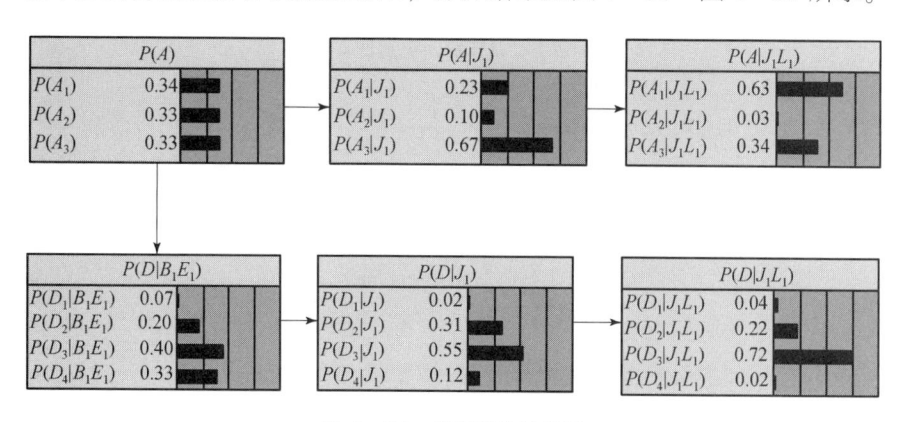

$P(A)$	
$P(A_1)$	0.34
$P(A_2)$	0.33
$P(A_3)$	0.33

$P(A\|J_1)$	
$P(A_1\|J_1)$	0.23
$P(A_2\|J_1)$	0.10
$P(A_3\|J_1)$	0.67

$P(A\|J_1L_1)$	
$P(A_1\|J_1L_1)$	0.63
$P(A_2\|J_1L_1)$	0.03
$P(A_3\|J_1L_1)$	0.34

$P(D\|B_1E_1)$	
$P(D_1\|B_1E_1)$	0.07
$P(D_2\|B_1E_1)$	0.20
$P(D_3\|B_1E_1)$	0.40
$P(D_4\|B_1E_1)$	0.33

$P(D\|J_1)$	
$P(D_1\|J_1)$	0.02
$P(D_2\|J_1)$	0.31
$P(D_3\|J_1)$	0.55
$P(D_4\|J_1)$	0.12

$P(D\|J_1L_1)$	
$P(D_1\|J_1L_1)$	0.04
$P(D_2\|J_1L_1)$	0.22
$P(D_3\|J_1L_1)$	0.72
$P(D_4\|J_1L_1)$	0.02

图4-55 仿真推理过程图

在协同搜潜过程中，使用声呐探测时，目标潜艇发现探测信号的概率升高，如果潜艇发现主动探测信号，则采取规避的概率会升高，并可能释放假目标、降低航速以降低噪声辐射，也可能提高航速以逃离。因此，如果反潜机检测到很强的辐射噪声，则最大可能是目标潜艇释放了

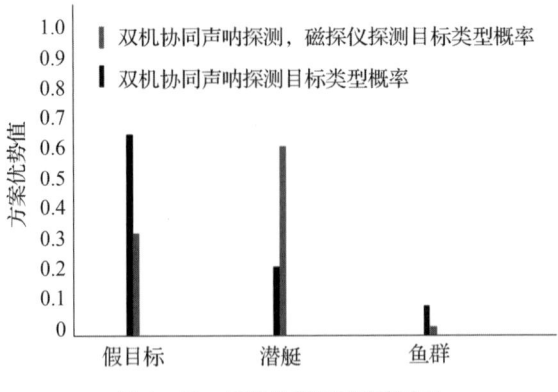

图 4-56 目标类型识别仿真结果

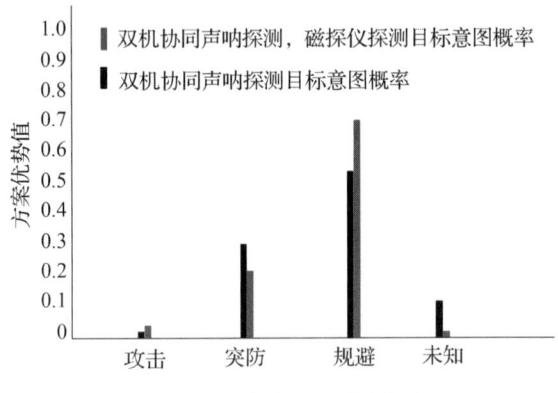

图 4-57 目标意图识别仿真结果

假目标，因为无论假目标航速如何，其辐射噪声都会很大；其次可能为潜艇，因为目标潜艇可能提高航速逃离，从而导致辐射噪声增大；最不可能的是鱼群，因为鱼群的辐射噪声应该不受声呐主动探测的影响，不论在何种状态都很低。所以，推理结果与定性分析的结果一致，目标类型最有可能是假目标（概率是 0.67），其次是潜艇（概率是 0.23），概率最小的是鱼群（概率是 0.10）。继续检测判定，采用磁探仪进行定位识别，检测到了磁异常信号，磁异常信号的存在使得目标为潜艇的概率最高（概率是 0.63），其次是假目标（概率 0.34），最不可能的是鱼群（概率是 0.03）。

在反潜巡逻机声呐实施主动探测后，探测到很强的辐射噪声，目标意图为规避/投放假目标的概率最大，0.55 > 0.31 > 0.12 > 0.02，其次

第 4 章　基于云贝叶斯网络的反潜巡逻机协同搜潜目标态势评估研究

为突防（概率是 0.31），这与实践经验相符。磁探仪进一步检测时，检测到了磁异常信号后，目标为潜艇的概率增大，而潜艇在主动声呐探测的情形下最有可能采用的是规避动作（概率达 0.72），与事实相符。

在协同搜潜过程中，对目标潜艇的运动轨迹进行模拟，其三维空间潜艇运动轨迹如图 4-58 所示。仿真开始后，假设潜艇初始航向 90°、航深 35 m、航速 4 kn，目标潜艇发现正前方主动声呐脉冲声信号，加速至 12 kn，加大航行深度至 100 m，同时改变航向至 180°，进行规避。该过程与推理过程相符。

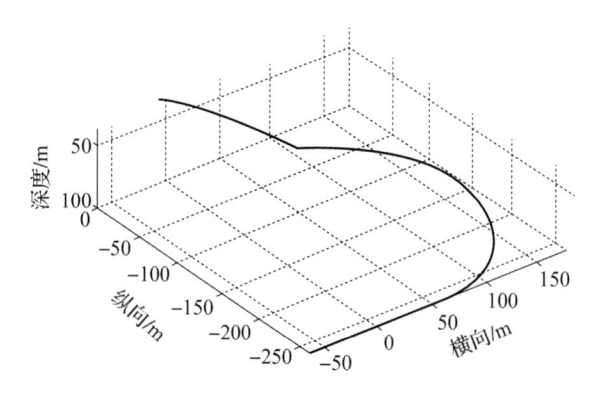

图 4-58　目标潜艇运动轨迹仿真示意图

由上述仿真结果及分析可知，运用云贝叶斯网络进行目标态势评估能够推理判断出目标类型和目标意图，得出反潜巡逻机协同搜潜的目标态势，所得推理结果与实际态势相符；另外，该方法也可以搜索多个目标，并可利用综合云合成算法得出具体态势评估值。

第 5 章

基于模糊测度与模糊积分的反潜巡逻机协同搜潜智能决策研究

5.1 引　言

搜索并快速准确地发现目标潜艇是进行战场态势评估和战场决策的基础。然而，海洋战场存在大量信息和不确定因素，潜艇也向低噪和高速方向发展，这些因素导致搜潜更加困难。因此，如何能够根据不同的状况高效快速地采取正确的搜潜策略，是航空反潜中需要解决的首要问题。

通常反潜巡逻机获得预知信息后，通过多种搜潜设备组合的方式对指定海域做进一步协同探测。在双/多反潜巡逻机自主模式协同搜潜过程中，指挥人员需要根据预知信息并结合各种搜潜设备的特点来及时给出合理的搜潜方案。然而，海洋战场环境中多维信息的不确定性给快速高效的决策带来了极大困难，仅依靠指挥人员的个人水平和经验很难在短时间内给出合理的搜潜方案。因此，科学地构建协同搜潜决策系统是航空反潜中的一项重要任务，理想的协同搜潜决策系统能够给出最优的搜索策略，从而弥补因指挥员经验不足所导致的低效能。

双/多反潜巡逻机自主模式协同搜潜作战智能决策，就是按照不同的任务和初始信息，模拟熟练指挥员的经验自动生成搜索方案并预测作战行动效果、提供最优作战方案，从而提高反潜巡逻机协同搜潜作战效能。因此，协同搜潜决策是一个完全非确定多项式（NP – Complete）问题。然而，传统的决策方法通常难以取得预期的效果。于是，一些人工智能理论和算法[105-109]被用于解决这些问题，智能决策逐渐成为研究的方向，而将多种算法相互交叉、融合生成新的算法，使得各算法优势互补、取长补短，已成为近年来研究的热点。针对不确定条件下协同搜潜最优决策时决策指标的相关性问题，本章在前人工作的基础上引入模糊测度与模糊积分理论，提出一种适用于反潜巡逻机协同搜潜的智能决策方法。

5.2 基于模糊测度和模糊积分的智能决策思路

海洋环境复杂多变，反潜作战态势瞬息万变，因此必须根据当时的海洋环境来合理使用各搜潜设备，以最大化探测效率，增大探测到目标的机会，降低潜艇机动规避反水声探测的可能性。根据协同搜潜任务类型选择可能的搜潜备选方案后，采用合理的决策方法并选取有效的评价指标，对这些备选方案进行寻优排序，找出最优方案作为决策结果。由此，本节引入模糊测度和模糊积分理论，采用 g_λ 模糊测度对指标权重建模，解决指标的互相关联问题，并采用 Choquet 模糊积分实现指标的集成计算，具体研究思路如图 5-1 所示。采用 g_λ 模糊测度和 Choquet 模糊积分进行智能决策的具体步骤如下：

第 1 步，针对双/多反潜巡逻机自主模式协同搜潜决策问题，建立相应的指标体系，确定为决策指标因素，并进行归一化处理。

第 2 步，采用适当的方法，取得指标的全局重要性，即计算指标的 Shapley 值。

第 3 步，根据优化模型计算指标集合的 g_λ 模糊测度。

第 4 步，采用 Choquet 模糊积分计算决策结果。

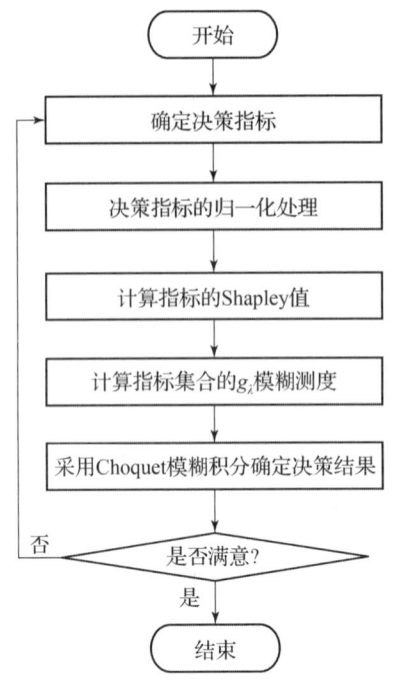

图 5-1　基于模糊测度和模糊积分的反潜巡逻机协同搜潜智能决策过程流程

5.3　基于模糊测度和模糊积分的智能决策方法

5.3.1　确定搜索方案

潜艇在水面和水下不同深度航行时所处的状态分为水面航行状态、半潜航行状态、潜望深度航行状态、工作深度航行状态和大深度航行状态[51-53]。在双/多反潜巡逻机自主模式搜潜过程中，考虑所有不同状态的潜艇，反潜巡逻机通常使用雷达（R）、声呐浮标（S）、磁探仪（M）、红外搜索仪（H）和电子支援系统（E）等搜潜设备进行搜潜，可以组合成 31 种协同搜潜方案。针对潜艇的不同航行状态，采用不同的搜潜行动方案，这 31 种方案有 6 种组合方案合理有效。定义合理方案集 $C = \{C_1, C_2, C_3, C_4, C_5, C_6\}$，$C_1 = \{R, H, E, S\}$，$C_2 = \{R, H, E\}$，$C_3 = \{S, M\}$，$C_4 =$

$\{H,E\}$，$C_5=\{S\}$，$C_6=\{M\}$，如表 5-1 所示。

表 5-1 协同搜潜方案

协同搜潜方案	目标潜艇的航行状态
$C_1=\{R,H,E,S\}$	处于水面航行状态、半潜航行状态、潜望深度航行状态、潜航状态和大深度航行状态，特别是在目标潜艇位置散布范围较大，反潜巡逻机兼顾水面监视任务必须保持一定飞行高度时使用。该方案在对水下目标搜索的同时，也对水面情况进行监控，及时捕获可能上浮的目标潜艇
$C_2=\{R,H,E\}$	处于水面航行状态、半潜航行状态、潜望深度航行状态
$C_3=\{S,M\}$	处于水下浅航和深航状态，位置散布范围较大，反潜巡逻机隐蔽搜索
$C_4=\{H,E\}$	处于水面航行状态、半潜航行状态、潜望深度航行状态，反潜巡逻机隐蔽搜索
$C_5=\{S\}$	处于水下浅航或深航状态，位置散布范围较大，反潜巡逻机隐蔽搜索
$C_6=\{M\}$	处于水下浅航状态，位置散布范围较小，反潜巡逻机隐蔽搜索

5.3.2 确定决策指标模型

双/多反潜巡逻机自主模式协同搜潜作战过程中，接收的信息来源于多维信息，包括水面目标传感器获取的信息、水下目标传感器获取的信息、水文、海况和气象等，因此影响决策效能的指标就包括多方面。在此针对反潜巡逻机协同搜潜作战的特点，对应不同的潜艇状态和战场态势、水文环境条件，综合考虑多维传感器信息与从战场探测收集到的信息进行判断，将定性判断与定量计算相结合来描述目标特征，从搜索能力、成本、隐蔽性和实施难度等多方面因素建立智能决策模型，选取搜索能力、隐蔽性、可操作性、经济性作为决策指标[51-53]，选取最优的搜潜行动方案。

5.3.2.1 隐蔽性模型

反潜巡逻机的各搜潜设备中，雷达的电磁辐射最强、隐蔽性最差；声呐浮标需要通过某种通道交换数据，但辐射功率很小，隐蔽性次之；红外搜索仪、磁探仪等工作在被动状态，隐蔽性最好。构建隐蔽性模型如下：

$$S_y = \begin{cases} 1.0 - L_y^{-1} - (50N)^{-1}, & \text{红外搜索仪、磁探仪} \\ 0.5 - L_s^{-1} - (50N)^{-1}, & \text{声呐浮标} \\ 0.25 + S_1^{-1} - (50N)^{-1}, & \text{雷达} \end{cases} \quad (5-1)$$

式中，L_y——红外搜索仪、磁探仪的作用距离；

L_s——声呐浮标的作用距离；

S_1——雷达的反射面积；

N——实施搜潜的反潜巡逻机数量；

S_y——反潜巡逻机的隐蔽性。

5.3.2.2 搜潜能力模型

雷达和红外搜索仪通常用于探测水面航行状态、半潜航行状态、潜望深度航行状态的目标潜艇，其覆盖面积与反潜巡逻机的速度、搜索时间成正比，而且红外搜索仪更适用于探测通气管状态航行的目标潜艇和夜间使用。雷达和红外搜索仪不能用于探测工作深度航行状态和大深度航行状态的目标潜艇。声呐浮标通常用于探测工作深度航行状态和大深度航行状态的目标潜艇，其覆盖面积固定，在工作寿命时间内可以保持连续探测，作用距离与使用的数量有关。磁探仪通常用于探测工作深度航行状态的目标潜艇，作用距离与反潜巡逻机的飞行高度有关，其覆盖面积与反潜巡逻机的速度、搜索时间成正比。然而，磁探仪的作用距离较小，所以需要反潜巡逻机频繁机动，以达到搜索目的。电子支援系统通常用于探测水面航行状态、半潜航行状态、潜望深度航行状态且处于通信（或有源探测）状态的目标潜艇，一般不单独使用，其搜索能力通常取决于主探测手段。

综上所述，不同搜索设备的特点和应用场合有所不同，很难直接用定量计算来比较。选用发现目标潜艇的概率 P 作为搜潜能力指标，构建模型如下：

$$P = 1 - \exp\left(-\frac{UNT}{S}\right) \quad (5-2)$$

式中，U——搜索效率；

N——实施搜潜的反潜巡逻机数量；

T——搜索时间；

S——搜索海域面积。

说明：具体计算模型见 3.3 节。

5.3.2.3　可操作性模型

反潜巡逻机使用声呐浮标等搜潜设备在搜潜过程中，为完成作战任务，反潜巡逻机需要进行一些战术机动，机动动作的完成与否决定了搜潜的效能。通常搜潜方案的可操作性是指反潜巡逻机战术飞行动作的复杂性和对反潜巡逻机飞行限制程度的综合评价，具有较大的模糊性。例如，在搜潜方案 $C_1 = \{R,H,E,S\}$，$C_3 = \{S,M\}$，$C_5 = \{S\}$ 中，使用声呐浮标时需要进行布阵，所以反潜巡逻机需要频繁转弯机动。在搜潜方案 $C_2 = \{R,H,E\}$，$C_4 = \{H,E\}$ 中，对反潜巡逻机的飞行限制最小。在方案 $C_3 = \{S,M\}$，$C_6 = \{M\}$ 中，反潜巡逻机需要进行低空低速大机动飞行，飞行的难度最大。构建可操作模型如下：

$$S_c = \begin{cases} 1 - N^{-1} \cdot 10^{-2}, & C_2, C_4 \\ 0.75 - N^{-1} \cdot 10^{-2}, & C_1, C_5 \\ 0.25 - N^{-1} \cdot 10^{-2}, & C_6 \\ 0.1 - N^{-1} \cdot 10^{-2}, & C_3 \end{cases} \quad (5-3)$$

式中，N——实施搜潜的反潜巡逻机数量；

S_c——反潜巡逻机的可操作性。

5.3.2.4　经济性模型

声呐浮标是一次性消耗器材，反潜巡逻机所能携带的数量有限。在搜潜方案 $C_1 = \{R,H,E,S\}$，$C_3 = \{S,M\}$，$C_5 = \{S\}$ 中，使用声呐浮标时,需要构建搜索和跟踪浮标阵型,所以反潜巡逻机投放大量一次性使用的声呐浮标,由于声呐浮标成本较高,所以经济性较差。在搜潜方案 $C_2 = \{R,H,E\}$, $C_4 = \{H,E\}$ 中,雷达、红外搜索仪和电子支援系统都是反潜巡逻机固定配置的搜潜设备,正常飞行中就可以使用,不需要额外花费,所以经济性最好。在搜潜方案 $C_6 = \{M\}$ 中,磁探仪是反潜巡逻机固定配置的搜潜设备,但在使用时需要反潜巡逻机频繁低空低速大机动,对反潜巡逻机的寿命损耗较大,所以经济性一般。假设 N 是实施搜潜的反潜巡逻机数量,S_j 是反潜巡逻机的经济性,构建模型如下:

$$S_j = \begin{cases} 0.1 - N^{-1} \cdot 20^{-1}, & C_1 \\ 0.95 - N^{-1} \cdot 20^{-2}, & C_2 \\ 0.15 - N^{-1} \cdot 20^{-2}, & C_3 \\ 1.0 - N^{-1} \cdot 20^{-2}, & C_4 \\ 0.2 - N^{-1} \cdot 20^{-2}, & C_5 \\ 0.5 - N^{-1} \cdot 20^{-2}, & C_6 \end{cases} \quad (5-4)$$

5.3.3 模糊测度确定决策指标的重要性

模糊测度是经典测度的延续,不要求可加性的测度即模糊测度。模糊测度是描述事物重要程度的广义框架,可以更好地融合基本信息,有利于解决实际问题。1954 年,法国数学家 Choquet 提出了关于容度的理论,这是最早对非可加性测度的系统研究。Choquet 容度[109]是一种连续的且关于集合包含单调的集函数。在 Choquet 研究的启发下,由 DemPster 提出,后来经过 Shafer 深化,得出两种不同类型的非可加测度,即信任测度和似然测度。同时,DemPster 和 Shafer 对信任测度和似然测度又进行了深入研究,进而形成了 DemPster – Shafer 理论或显著性理论[109]。然而,模糊测度理论的开创性工作是 Zadeh 在 20 世纪 60 年代后期完成的[92,110]。1974 年,Sugeno 在其博士论文中首次提出用较弱的单调性和连续性来代替可加性的另一类集函数,称为模糊测度[111](非可加测度)。模糊测度是对因素集的建模,可以表示一个(或多个)指标的综合重要程度,从而更加准确地刻画多个指标之间的相互关系[112]。

5.3.3.1 决策指标重要程度的模糊测度模型

模糊测度可以解决指标之间存在关联而又不具备可加性的多属性决策问题,基于模糊测度的指标重要性模型可以更准确地表示各指标的重要程度。搜潜能力、隐蔽性、可操作性和经济性作为反潜巡逻机协同搜潜决策的指标,不是各自孤立的,而是相互关联的。因此,引入 g_λ 模糊测度描述反潜巡逻机协同搜潜决策的各指标重要程度。其定义如下:

定义 5.1 设 (X,F) 为一可测空间,F 为 X 的所有子集组成的 σ^- 代数,g 是 F 上的一个模糊测度,如果存在 $\lambda > -1$,$\forall L, N \subseteq X, L \cap N = \varnothing$,满足:

$$g(L \cup N) = g(L) + g(N) + \lambda g(L)g(N) \quad (5-5)$$

则称 g 为 g_λ 模糊测度。若 $\forall s \in X$,则 $g_\lambda(s)$ 为属性集 s 的权重或重要程度;若 $\lambda = 0$,则说明各属性之间各自独立,相互没有关系;若 $-1 < \lambda < 0$,则说明各属性之间冗余关联;若 $\lambda > 0$,则说明各属性之间互补关联;若 $X = \{x_1, x_2, \cdots, x_n\}$ 为有限集合,则映射:$x_i \to g_i = g(\{x_i\})$,$i = 1, 2, \cdots, n$,称为模糊密度函数。g_λ 模糊测度可完全由其模糊密度函数确定,即

$$g(L) = \frac{1}{\lambda}\left[\prod_{x_i \in L}(1 + \lambda g_i) - 1\right] \quad (5-6)$$

5.3.3.2 模糊测度的计算模型

g_λ 模糊测度的计算方法有很多,如 Marichal 熵算法、二次规划算法、神经网络算法、遗传算法都是常用的计算模糊测度的方法。其中,Marichal 熵算法通过数据学习得到模糊测度,是一种比较客观的计算方法,在此采用 Marichal 熵算法。

1. 计算指标的 Shapley 值

Shapley 值方法能够解决相关问题,是合作博弈中最重要的收益指标之一,它以严格的公理为基础,满足有效性公理、对称性公理、可加性公理,在处理合作对策的分配问题时具有公正、合理等优点。采用模糊测度对反潜巡逻机协同搜潜决策指标的权重建模时,由于指标间的不可加性,所以指标权重由 Shapley 值取代,用以描述决策指标在决策中的综

合贡献。因此，在求解指标（集）权重之前，应确定常权情形下指标的 Shapley 值。根据多人博弈中 Shapley 函数[113]的定义，以及 Grabisch[114]对广义 Shapley 函数的定义，基于 g_λ 模糊测度的 Shapley 值计算如下：

若 $\forall l_i \in X$，g_λ 为定义在 X 上的模糊测度，那么基于 g_λ 模糊测度的 Shapley 值 O_i 表示为

$$O_i = \sum_{k=0}^{n-1} \frac{(n-k-1)!k!}{n!} \sum_{\substack{T \subseteq X/l_i \\ |T|=k}} [g_\lambda(T \cup l_i) - g_\lambda(T)] \quad (5-7)$$

式中，n——X 中元素个数；

k——T 的基数；

O_i——属性 l_i 在整个指标集中的贡献，$\sum_{i=1}^{n} O_i = 1$。

2. Marichal 熵计算模糊测度

Marichal 熵算法采用构建优化模型，通过最大化 Marichal 熵来计算实现指标和指标集的重要程度，即指标和指标集的模糊测度。具体如下：

定义 5.2 设 X 为指标集，n 为 X 中元素的个数，g_λ 为定义在 X 上的模糊测度，则 Marichal 熵为

$$Q_M(g_\lambda) = \sum_{i=1}^{n} \sum_{S \subseteq X/l_i} \xi_S(n) \mu[S \cup l_i - g_\lambda(S)] \quad (5-8)$$

式中，

$$\xi_S(n) = \frac{(n-|S|-1)! - |S|!}{n!} \quad (5-9)$$

$$\mu(x) = \begin{cases} -x\ln x, & x > 0 \\ 0, & x = 0 \end{cases} \quad (5-10)$$

依据不同状态下决策指标的 Shapley 值、Marichal 熵和 g_λ 模糊测度的定义和性质，以 Marichal 熵最大为目标函数，依据优化模型（式（5-8））求解各指标的模糊测度：

$$\max_{\lambda, g_\lambda} Q_M(g_\lambda) = \sum_{i=1}^{n} \sum_{S \subseteq X/l_i} \xi_S(n) \mu[S \cup l_i - g_\lambda(S)] \quad (5-11)$$

$$\text{s.t.} \begin{cases} O_i = \sum_{k=0}^{n-1} \frac{(n-k-1)!k!}{n!} \sum_{\substack{T \subseteq X/l_i, \\ |T|=k}} [g_\lambda(T \cup l_i) - g_\lambda(T)] \\ g_\lambda(X) = 1 \\ g_\lambda \in (0,1) \\ \lambda \in (-1, \infty) \end{cases}$$

5.3.4 Choquet 模糊积分确定决策结果

模糊积分的理论研究由来已久,García、Álvarez、吴从炘等学者对模糊积分的发展进行了研究[115-117]。近年来,模糊积分得到迅猛发展。Choquet 模糊积分是法国数学家 Choquet 针对他提出的 Choquet 容度定义的一种积分,因为模糊测度与容度的相似性以及 Choquet 积分的单调性,就把关于模糊测度的 Choquet 积分看作一种模糊积分,现被广泛称为 Choquet 模糊积分[118-119]。当模糊测度有经典的可加性时,Choquet 积分就退化为 Lebesuge 积分[120],所以,Choquet 积分是 Lebesuge 积分的推广。早在 1989 年,Murofushi 和 Sugeno 就把 Choquet 积分和模糊测度联系起来研究,可以说,正是模糊测度的发展带给了 Choquet 积分新的生命力。随着 Murofushi 与 Sugeno 等人后续在模糊测度上的研究和对 Choquet 模糊积分的改进,其得以在传统 Lebesuge 积分的研究基础上严格拓展,并在模糊测度理论与应用中深化发展,成为模糊积分的一种。

采用模糊测度对指标(集)的重要性建模时,决策指标(集)的集成计算(即相关指标(集)的集结算子)通常采用 Choquet 模糊积分。对决策方案集合 $X = \{x_1, x_2, \cdots, x_n\}$,$\rho$ 是定义在 X 上的模糊测度,函数 $f(\cdot)$ 为归一化的离散值指标函数,函数值集合为 $\{f(x_1), f(x_2), \cdots, f(x_n)\}$,且假设 $f(x_1) \leq f(x_2) \leq \cdots \leq f(x_n)$,则反潜巡逻机协同搜潜指标集成计算如下:

$$\int_X \mu(x) \, d\rho = \sum_{i=1}^n \rho(A_i)[f(x_i) - f(x_{i-1})] \qquad (5-12)$$

式中,$f(x_0) = 0$,$A_i = \{x_i, x_{i+1}, \cdots, x_n\}$。

运用 Choquet 模糊积分集结各指标函数后,所得结果即方案的最终优势排序,从而选出最优或近似最优方案。

5.3.5 仿真验证与分析

基于所建决策模型的实用性以及对海洋环境的适应性,选取存在跃变层Ⅲ型声速梯度,海区深度为 400 m,海底平坦,底质淤泥。夏季,海况2级,不考虑受到海流影响引起的浮标位置变动,以两架反潜巡逻机自主模式协同搜索静音潜艇为例。仿真过程如下:

第1步,进行指标归一化处理。因为搜索能力、隐蔽性、可操作性、经济性指标的物理量纲不同,所以必须先进行归一化处理。一般情况下,指标可以分为效益型、成本型、固定型和区间型。效益型指标的值越大越好;成本型指标的值越小越好;固定型指标的值不能太大,也不能太小,其值越接近某个固定值越好,该固定值为其最佳值;区间型指标是其值越接近某个固定区间越好,该固定区间是其最佳区间值。搜索能力、隐蔽性、可操作性、经济性4个指标都是越大越好,是效益性指标。设方案集为 $C = \{c_1, c_2, \cdots, c_n\}$,指标集为 $H = \{h_1, h_2, \cdots, h_m\}$,决策矩阵为 $\boldsymbol{H} = (h_{ij})_{m \times n}$,$h_{ij}$ 是方案 c_j 的第 i 个指标值。在此把决策矩阵转变为相对隶属矩阵(即 $\boldsymbol{T} = (T_{ij})_{m \times n}$)归一处理,处理如下:

$$T_{ij} = [(h_{ij} - h_{i\min})/(h_{i\max} - h_{i\min})]^{p_i} \quad (5-13)$$

式中,p_i——由决策者确定的参数;

$$h_{i\max} = \max_{1 \leq j \leq n} h_{ij}, \quad h_{i\min} = \min_{1 \leq j \leq n} h_{ij}。$$

第2步,通过专家和决策者打分,确定常权情形下属性 Shapley 值的判断矩阵 $\boldsymbol{R}$。

$$\boldsymbol{R} = \begin{bmatrix} I_{11} & I_{12} & \cdots & I_{1m} \\ I_{21} & I_{22} & \cdots & I_{2m} \\ \vdots & \vdots & & \vdots \\ I_{m1} & I_{m2} & \cdots & I_{mm} \end{bmatrix} \quad (5-14)$$

式中,I_{ij}——指标 h_i 与 h_j 的 Shapley 值之比,显然 $I_{ii} = 1$。

然后,采用层次分析法[121]判定矩阵 $\boldsymbol{R}$ 的一致性。当矩阵 $\boldsymbol{R}$ 满足一致性时,就依据矩阵 $\boldsymbol{R}$ 计算常权情形下各指标的 Shapley 值。

第3步,指标的模糊测度计算。根据式(5-11),用 MATLAB 编程

第 5 章 基于模糊测度与模糊积分的反潜巡逻机协同搜潜智能决策研究

求解各指标(集)的模糊测度。

第 4 步,用 Choquet 模糊积分计算各个方案的优势值,依据方案的优势值对方案进行排序和选优。

(1)假设目标潜艇处于深度工作状态,两架反潜巡逻机携带数量充足的声呐浮标(满足任务需求),潜艇目标散布范围很广,隐蔽性较好,进行验证性分析。基于 5.3.1 节介绍的 6 个协同搜索方案,所得决策方案仿真结果如表 5 - 2 所示。

表 5 - 2 6 个决策方案的仿真结果

方案编号	方案 1	方案 2	方案 3	方案 4	方案 5	方案 6
方案优势值	**0.900 6**	0.777 9	0.837 7	0.786 3	0.856 6	0.861 2

由表 5 - 2 可知,6 个方案中的最优方案是方案 1,即最优方案是雷达、红外搜索仪、电子支援系统和声呐浮标组合的搜索方案,在对水下目标搜索的同时,对水面情况进行监控,及时捕捉可能上浮的潜艇。实际上这也是大中型反潜飞机最典型的搜索方式。

(2)假设目标潜艇处于深度工作状态,声呐浮标的存有数量不充足,潜艇目标散布范围很小,隐蔽性中等,进行验证性分析。基于 5.3.1 节介绍的 6 个协同搜索方案,所得决策方案仿真结果如表 5 - 3 所示。

表 5 - 3 6 个决策方案的仿真结果

方案编号	方案 1	方案 2	方案 3	方案 4	方案 5	方案 6
方案优势值	0.877 6	0.813 7	0.818 7	0.824 6	0.840 5	**0.879 3**

由表 5 - 3 可知,6 个方案中的最优方案是方案 6,在声呐浮标数量不充足的情况下,推荐只使用磁探仪进行目标潜艇的搜索。

(3)假设目标潜艇处于水面航行状态,声呐浮标携带数量充足(满足任务需求),潜艇目标散布范围很小,隐蔽性好,进行验证性分析。基于 5.3.1 节介绍的 6 个协同搜索方案,所得决策方案仿真结果如表 5 - 4 所示。

表 5-4　6 个决策方案的仿真结果

方案编号	方案 1	方案 2	方案 3	方案 4	方案 5	方案 6
方案优势值	0.8926	**0.9430**	0.8165	0.9359	0.8539	0.8682

由表 5-4 可知，6 个方案中的最优方案是方案 2，虽然声呐浮标数量充足，但对于水面目标还是推荐雷达、红外搜索仪和电子支援系统组合协同进行搜潜。

（4）假设目标潜艇处于水面航行状态，声呐浮标存有数量不充足，潜艇目标散布范围很小，隐蔽性好，进行验证性分析。基于 5.3.1 节介绍的 6 个协同搜索方案，所得决策方案仿真结果如表 5-5 所示。

表 5-5　6 个决策方案的仿真结果

方案编号	方案 1	方案 2	方案 3	方案 4	方案 5	方案 6
方案优势值	0.8791	**0.9520**	0.8124	0.9378	0.8412	0.8802

由表 5-5 可知，6 个方案中的最优方案是方案 2。综合表 5-4、表 5-5 可知，对处于水面状态的目标潜艇，都应该采用水面搜潜设备进行协同搜索，且与声呐浮标的数量无关，该结果与实际情况相符合。

本方法不需要确定各指标的权重，评估结果不依赖各指标的权重，可以在各指标权重完全未知的情况下对方案进行选择，从而解决了多指标方案优选过程中指标权重难以确定的问题，而且能较好地描述各决策指标之间的相互关联现象，使决策更加客观和准确，可为合理、科学地选择决策方案提供参考。

综上，基于模糊测度与模糊积分的反潜巡逻机协同搜潜智能决策方法可有效解决在信息不确定的情况下，快速有效地对多个方案进行最优决策的问题，可以选出最优方案，而且该方法简单、易行。

第6章

基于贝叶斯粗糙集与模糊理论的反潜巡逻机协同搜潜智能决策研究

6.1 引言

反潜巡逻机在搜潜过程中，所处的海洋环境、自身状态和搜潜作战任务执行效果都会存在大量不可预知的不确定性，因此需要掌握各种搜潜设备的战术和技术性能，并能根据不同的目标情况、海域水文情况和战场态势来选择相应的搜索设备，对潜艇迅速采取行动。但由于指挥员的水平经验不同，所选择的作战方案和作战时机也有所不同，由此带来的作战效果会有差异，甚至大相径庭。因此，可以根据每个决策指标在搜潜任务中的优先级顺序和它们对任务的影响程度建立合理的函数，然后综合各决策指标，通过计算、判断、决策并进行正确操作，选出最优决策方案，从而在最大限度发挥各搜潜的特长和优势的同时，减少不可预知因素下的错误并最大化任务完成效果，使其搜潜作战效能达到最优或近似最优。

在智能决策计算过程中存在许多模糊不确定因素，影响搜潜决策的指标也很多，如何在众多指标中合理高效地选择出关键特征决策指标，去掉冗余指标，以提高算法的最优性和实时性？其次，各个决策指标之间并不孤立，往往具有一定的相关性，如何更准确合理地描述各指标之间的相互关系？针对这些问题，如何在信息不确定的情况下快速有效地对多个方案进行最优决策，选择一个最优的协同搜潜方案，从而为反潜巡逻机协同搜潜方案决策提供科学的支持，已成为反潜巡逻机协同搜潜决策研究中亟待解决的问题。

第 5 章解决了决策指标的相关性问题，本章针对不确定条件下的协同搜潜最优决策，引入贝叶斯粗糙集、模糊测度、模糊积分理论，在解决指标相关性问题的同时，解决决策指标的冗余问题，提高算法速度。

6.2　贝叶斯粗糙集算法

6.2.1　贝叶斯粗糙集

粗糙集（rough set，RS）理论是波兰数学家 Pawlak 于 1982 年提出的一种数据分析理论[122]，现已成为一种新的处理模糊不精确、不确定或不完全数据的数学工具。粗糙集理论的中心问题是分类分析，而粗糙集模型在实际应用中存在一定的局限性，它所处理的分类必须是完全正确的或肯定的，即"包含"或"不包含"，而没有某种程度上的"包含"或"属于"[123]。这限制了它在实际中的应用，因为大部分指标之间并不一定存在严格的函数依赖关系，而是表现出近似依赖关系。于是，Ziarko 对粗糙集模型进行推广，于 1993 年提出变精度粗糙集模型（variable precision rough set，VPRS）[124]，该模型在粗糙集模型的基础上引入阈值 β，并将其定义为错误分类率且 $\beta \in [0, 0.5)$，即允许一定程度上错误分类的存在，所以变精度粗糙集具有很强的抗干扰能力。然而，在一般情况下，我们只需要根据所获得的信息去处理问题，而不受预先给定某个参数的限制，所以在大多数的实际应用中，变精度粗糙集也有其局限性，这限制了它的应用范围。于是学者们从不同的角度对其进行推广，其中，文献[125]把变精度粗糙集中的参数 β 用先验概率代替，提出了贝叶斯粗糙集（Bayesian rough set，BRS）模型。

定义 6.1 假设$(U, A \cup D)$是信息系统，U是对象的非空有限集合，$U = \{x_1, x_2, \cdots, x_n\}$，$A$是条件属性的非空集合，$A = \{a_1, a_2, \cdots, a_p\}$，$D$是决策属性集合，$D = \{d_1, d_2, \cdots, d_p\}$，对于$B \subseteq A$，记：

$$R_B = \{(x, y) : a_k(x) = a_k(y), \forall a_k \in B\} \quad (6-1)$$

$$U/R_B = \{[x]_B : x \in U\} = \{y \in U : a_k(x) = a_k(y), \forall a_k \in B\} \quad (6-2)$$

$$R_D = \{(x, y) : d_k(x) = d_k(y)\} \quad (6-3)$$

$$U/R_D = \{[x]_D : x \in U\} = \{D_1, D_2, \cdots, D_r\} \quad (6-4)$$

式中，$a_k(x), d_k(x)$——属性a_k和d_k在U中x处的取值，$k = 1, 2, \cdots, p$。

对于$\forall X \subseteq U$，$\beta \in (0.5, 1]$，记：

$$\underline{R}_B^\beta(X) = \{x \in U \mid P(X \mid [x]_B) \geq \beta\} = U([x]_B) \mid P(X \mid [x]_B) \geq \beta \quad (6-5)$$

$$\overline{R}_B^\beta(X) = \{x \in U \mid P(X \mid [x]_B) \geq 1 - \beta\} = U([x]_B) \mid P(X \mid [x]_B) \geq 1 - \beta \quad (6-6)$$

式中，$P(X \mid Y) = \dfrac{|X \cap Y|}{|Y|}$；$|\cdot|$表示集合的基数。$\underline{R}_B^\beta(X)$与$\overline{R}_B^\beta(X)$分别为$X$关于$B$的$\beta$下近似和$\beta$上近似。基于$\beta$上下近似而得到的粗糙集模型称为变精度粗糙集模型[125]。

对于$0 < P(x) < 1$，记：

$$\underline{R}_B^*(X) = \{x \in U : P(X \mid [x]_B) > P(X)\} = U\{[x]_B : P(X \mid [x]_B) > P(X)\} \quad (6-7)$$

$$\overline{R}_B^*(X) = \{x \in U : P(X \mid [x]_B) \geq P(X)\} = U\{[x]_B : P(X \mid [x]_B) \geq P(X)\} \quad (6-8)$$

则$\underline{R}_B^*(X)$与$\overline{R}_B^*(X)$分别为X关于B的贝叶斯下近似和上近似。基于这种定义的上近似与下近似而得到的粗糙集模型称为贝叶斯粗糙集模型。同理，$\underline{R}_B^*(X)$与$\overline{R}_B^*(X)$满足对偶性质：$\underline{R}_B^*(X) = \sim \overline{R}_B^*(\sim X)$，$\overline{R}_B^*(X) = \sim \underline{R}_B^*(\sim X)$，$\sim$表示集合的补运算。

6.2.2 贝叶斯粗糙集属性简约方法

简约方法是贝叶斯粗糙集的核心内容之一。信息系统是知识的重要表达方式，简约是指在信息系统中进行的知识简约，能够简化信息系统且不损失有用的信息，因此它是知识获取的重要内容。

定义 6.2 假设 $(U, A \cup \{d\})$ 是信息系统，对于 $B \subseteq A$，记：

$$\underline{B}(d) = (\underline{R}_B^*(D_1), \underline{R}_B^*(D_2), \cdots, \underline{R}_B^*(D_r)) \quad (6-9)$$

$$\overline{B}(d) = (\overline{R}_B^*(D_1), \overline{R}_B^*(D_2), \cdots, \overline{R}_B^*(D_r)) \quad (6-10)$$

(1) 若 $\underline{B}(d) = \underline{A}(d)$，则称 B 是 $(U, A \cup \{d\})$ 下分布协调集，若 B 的任何真子集都不是下分布协调集，则称 B 是 $(U, A \cup \{d\})$ 的下分布简约。

(2) 若 $\overline{B}(d) = \overline{A}(d)$，则称 B 是 $(U, A \cup \{d\})$ 上分布协调集，若 B 的任何真子集都不是下分布协调集，则称 B 是 $(U, A \cup \{d\})$ 的上分布简约。

定理 6.1 假设 $(U, A \cup \{d\})$ 是信息系统，对于 $B \subseteq A$，记：

$$M_B^{(1)}(x) = \{D_j \mid x \in \overline{R}_B^*(D_j)\}, \ x \in U \quad (6-11)$$

$$M_B^{(2)}(x) = \{D_j \mid x \in \underline{R}_B^*(D_j)\}, \ x \in U \quad (6-12)$$

则

(1) $\overline{B}(d) = \overline{A}(d) \Leftrightarrow M_B^{(1)}(x) = M_A^{(1)}(x), \ \forall x \in U \quad (6-13)$

(2) $\underline{B}(d) = \underline{A}(d) \Leftrightarrow M_B^{(2)}(x) = M_A^{(2)}(x), \ \forall x \in U \quad (6-14)$

证明：

(1) 因为 $x \in M_B^{(1)}(x) \Leftrightarrow x \in \overline{R}_B^*(D_j)$，$x \in M_A^{(1)}(x) \Leftrightarrow x \in \overline{R}_A^*(D_j)$，而 $\underline{B}(d) = \underline{A}(d)$，即 $\overline{R}_B^*(D_j) = \overline{R}_A^*(D_j)$，即证。

(2) 与 (1) 类似，同理可证。

定理 6.2 假设 $(U, A \cup \{d\})$ 是信息系统，对于 $B \subseteq A$，则：

(1) $\overline{B}(d) = \overline{A}(d) \Leftrightarrow \forall x, y \in U$，当 $M_A^{(1)}(x) \neq M_A^{(1)}(y)$ 时，$[x]_B \cap [y]_B = \varnothing$

$$(6-15)$$

(2) $\underline{B}(d) = \underline{A}(d) \Leftrightarrow \forall x, y \in U$，当 $M_A^{(2)}(x) \neq M_A^{(2)}(y)$ 时，$[x]_B \cap [y]_B = \varnothing$

$$(6-16)$$

证明：

①必要性：

因为 $\bar{B}(d) = \bar{A}(d)$，由定理 6.1，得

$$M_B^{(1)}(x) = M_A^{(1)}(x), M_B^{(1)}(y) = M_A^{(1)}(y)$$

如果对 $\forall x, y \in U, [x]_B \cap [y]_B \neq \varnothing$，一定有 $[x]_B = [y]_B$，因此，$M_B^{(1)}(x) = M_B^{(1)}(y)$，所以：$M_A^{(1)}(x) = M_A^{(1)}(y)$。

②充分性：

假设 $J([x]_B) = \{[y]_A : [y]_A \subseteq [x]_B\}$。由于 $B \subseteq A$，因此 $J([x]_B)$ 构成了 $[x]_B$ 的一个分划。

因为对 $\forall x \in U$，当 $[y]_A \subseteq [x]_B$ 时，有 $[x]_B \cap [y]_B \neq \varnothing$。

由已知有 $M_A(x) = M_A(y)$，对 $\forall j \leq r$，如果 $x \in \bar{R}_B^*(D_j)$，则 $[x]_B \in \bar{R}_B^*(D_j)$。

由于 $[x]_B = \cup\{[y]_A : [y]_A \in J([x]_B)\}$，因此对任意 $[y']_A \in J([x]_B)$，有 $[y'] \subseteq \bar{R}_B^*(D_j)$，因此 $D_j \in M_A^{(1)}(y')$，于是 $D_j \in M_A^{(1)}(x)$。所以，$x \in \bar{R}_A^*(D_j)$，即 $\bar{R}_B^*(D_j) \subseteq \bar{R}_A^*(D_j)$。同理反之，如果 $x \in \bar{R}_A^*(D_j)$，则 $D_j \in M_A^{(1)}(x)$。

当 $[y]_A \in J([x]_B)$ 时，$[y]_B \cap [x]_B \neq \varnothing$，因此 $M_A^{(1)}(x) = M_A^{(1)}(y)$，从而 $D_j \in M_A^{(1)}(y)$，即 $P(D_j/[y]_A) \geq P(D_j)$，因此：

$$\begin{aligned}
P(D_j/[x]_B) &= \left(\sum\{|[y]_A \cap D_j| : [y]_A \in J([x]_B)\}\right)/|[x]_B| \\
&= \sum\left\{P(D_j/[y]_A) \cdot \frac{|[y]_A|}{|[x]_B|} : [y]_A \in J([x]_B)\right\} \\
&\geq P(D_j) \sum\left\{\frac{|[y]_A|}{|[x]_B|} : [y]_A \in J([x]_B)\right\} \\
&= P(D_j)
\end{aligned} \quad (6-17)$$

所以，$x \in \bar{R}_B^*(D_j)$，即 $\bar{R}_A^*(D_j) \subseteq \bar{R}_B^*(D_j)$，因此 $\bar{R}_B^*(D_j) = \bar{R}_A^*(D_j)$，对 $\forall j \leq r$，$\bar{B}(d) = \bar{A}(d)$。

6.3 基于贝叶斯粗糙集与模糊理论的智能决策方法研究思路

双/多反潜巡逻机自主模式协同搜潜作战过程中，进行协同搜潜发挥最大效能，选出最优决策方案，需要考虑很多因素。对应不同的潜艇状态和战场态势、水文环境条件，每一种搜潜行动方案都有其自身的特点。因此，需要根据反潜巡逻机协同搜潜作战的特点，基于海洋战场环境和目标潜艇出现状态的不确定性及搜索设备的不同特点，通常从搜索能力、成本、隐蔽性和实施难度等方面综合选取决策指标。但在建立决策指标模型时，有些指标的属性值很难得到或者测量这些属性值的代价很高，就需要将这些指标从决策表中去掉，得到尽可能最少的决策规则；而且，不可能建立包括所有影响决策结果的参数方程体系，应该选择尽可能少的参数或选择参数的某种组合来建立模型。粗糙集仅利用数据本身提供的信息，无须任何先验的专家知识，可以从决策系统的指标中去掉不必要（或不重要）的指标，因而在实际决策中得到较广泛的应用。但是经典的粗糙集在处理分类关系时过于严格，容易将有用的信息也剔除，不利于决策分析。贝叶斯粗糙集在判断集合间的隶属关系时，引入了一个不确定度，能够更好地描述集合间的依赖关系，可以弥补经典粗糙集的不足，而且贝叶斯粗糙集不需要任何预备或额外的有关数据信息。贝叶斯粗糙集的属性简约方法[126-128]可以在保持知识库分类能力不变的条件下，删除其中不相关（或不重要）的知识，即可以从决策表系统的指标中去掉不必要（或不重要）的指标，在去除冗余数据的同时，可以提高算法的速度，从而可以更高效、快速地解决反潜巡逻机协同搜潜作战决策过程中指标的冗余问题。因此，本章引入贝叶斯粗糙集指标简约算法，挑选关键特征参数，解决决策指标冗余问题。

指标依赖度表示两个指标集合之间的相互依赖程度，指标重要度表示不同指标对于条件指标和决策指标之间的相互依赖关系起着不同的作用。在剔除决策冗余指标的过程中，指标依赖度和指标重要度的计算方法是确保整个算法有效、可行的关键环节。

因此，基于贝叶斯粗糙集和模糊测度、模糊积分构建反潜巡逻机协同搜潜作战智能决策模型，首先确定相关的决策指标，将决策问题转换为组合优化求最优的问题，再结合贝叶斯粗糙集、模糊测度、模糊积分理论，求解反潜巡逻机协同搜潜作战智能决策问题。在求解过程中，可以通过贝叶斯粗糙集的知识简约从决策表系统的指标中去掉不必要（或不重要）的指标，以提高算法的收敛速度。另外，在综合决策指标过程中，每个决策指标设置的加权系数会直接影响决策的效果，而且有些决策指标是相互依赖、相互矛盾的，所以引入模糊测度。模糊测度是对指标集的建模，可以表示一个或多个指标的综合重要程度。相对其他计算方法，模糊测度能更加准确地刻画多个指标之间的相互关系，而且设置加权系数被计算 Shapley 值取代，从而可以公正、合理地分配决策指标权重，使其更符合实际作战的情况，可以用来解决反潜巡逻机协同搜潜作战决策过程中指标的相互关联问题。具体研究思路如图 6-1 所示。

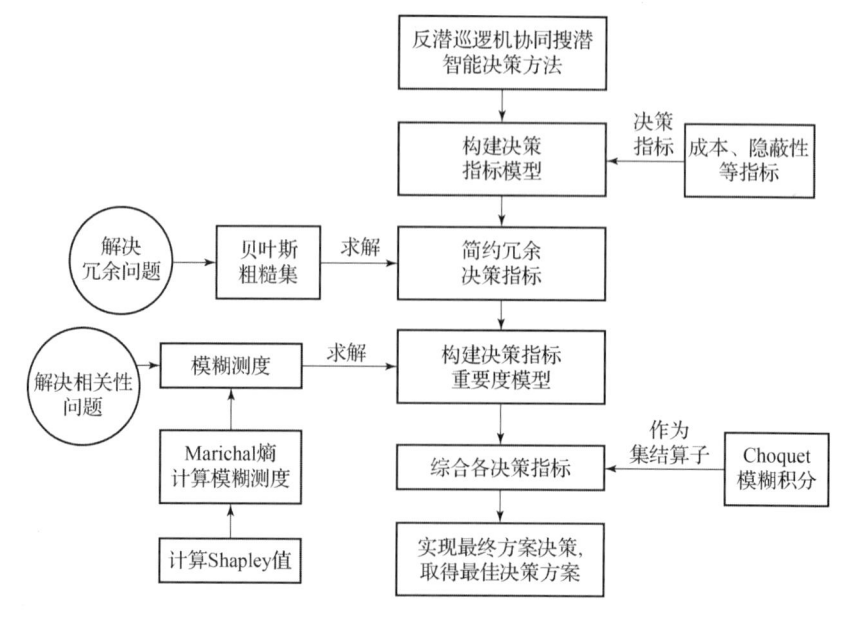

图 6-1 反潜巡逻机协同搜潜智能决策方法研究思路示意图

6.4 基于贝叶斯粗糙集、模糊测度和模糊积分的智能决策方法

双/多反潜巡逻机自主模式协同搜潜作战方案决策过程中，决策指标互相关联，而且存在决策数据冗余问题，在提高算法的有效性、实用性的同时，算法能在速度方面占有优势，这是决策效能所追求的，而且很难构建搜索能力、成本、隐蔽性和实施难度等决策指标的数学定量模型。第5章所建的模型相对较粗糙，并不能很好地反映协同搜潜作战的实际情况。因此，本章提出基于贝叶斯粗糙集、模糊测度和 Choquet 模糊积分的反潜巡逻机协同搜潜的智能决策方法。

6.4.1 简约决策指标

反潜巡逻机协同搜潜过程中，获得的数据信息往往具有不完全性和不确定性，遇到不完整信息时，尽可能给出问题的最大可能解往往具有很大的实际意义。贝叶斯粗糙集模型[128]用事件发生的先验概率代替变精度粗糙集中的精度参数 β，既可以克服粗糙集模型的完全精确划分的困难，又可以避免变精度粗糙集模型需要预先给定参数，是基于变精度和概率论的无参数模型。贝叶斯粗糙集的简约方法有多种，在此利用全局增益函数来求简约，假设信息系统 $S = (U, C \cup D, V, f)$，U 是对象的非空有限集合，C 是条件指标集，D 是决策指标集，$V = \cup V_a$，$a \in C \cup D$，V_a 是指标 a 的值域，f 是信息函数。对 $E \subseteq C, U/D = \{X_1, X_2, \cdots, X_r\}$，则称

$$R_E(D) = \sum_{[x]_E} \max\{P([x]_E | X_i), i = 1, 2, \cdots, r\} - 1 \quad (6-18)$$

为 E 相对于决策指标 D 的全局相对增益函数[128]。

假设 X 和 E 是等价关系，$a \in E$，如果 $R_{E-\{a\}}(X) = R_E(X)$，则称 a 为 E 中 X 不必要的，否则 a 为 E 中 X 必要的。E 中所有 X 必要的集合称为 E 的 X 核[128]。

对于$\forall X \subseteq U$，子集$B \subseteq C$，则称B为X的R简约[128]，且满足$R_B(X) = R_C(X)$，并且去掉B中的任意一个指标都会使该等式不成立。

综上，假设$Core(C)$是条件指标的核指标集合，$R_C(D)$是每个指标的全局相对增益函数值，$R_{r_e}(D)$是$Core(C)$相对决策指标D的全局相对增益函数值，对于$\forall C_i \in C$，$R_{C_i}(D)$是C_i相对决策指标D的全局相对增益函数值，则贝叶斯粗糙集指标简约算法的具体思路如图6-2所示。

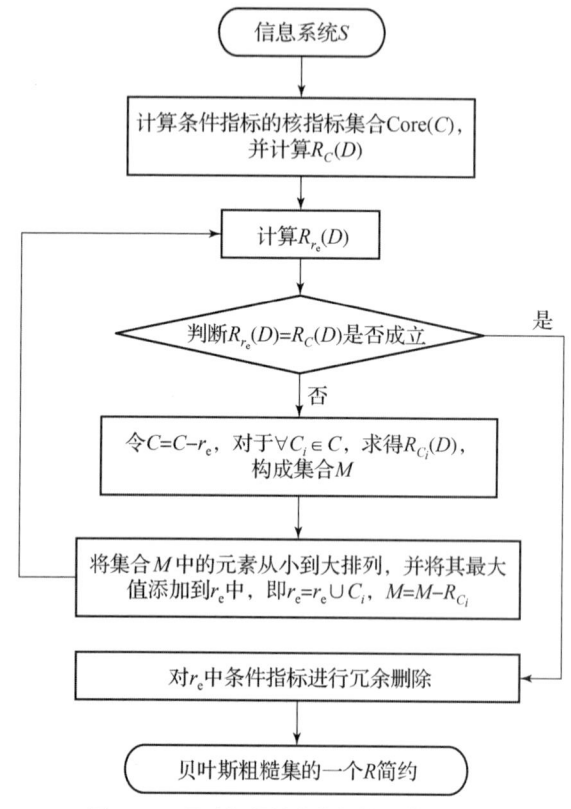

```
         信息系统S
            │
            ▼
   计算条件指标的核指标集合Core(C)，
        并计算R_C(D)
            │
            ▼
       计算R_{r_e}(D) ◄──────┐
            │                │
            ▼                │
   判断R_{r_e}(D)=R_C(D)是否成立 ──是──┐
            │                        │
            否                        │
            ▼                        │
  令C=C-r_e，对于∀C_i∈C，求得R_{C_i}(D)，│
         构成集合M                    │
            │                        │
            ▼                        │
  将集合M中的元素从小到大排列，并将其最大 │
  值添加到r_e中，即r_e=r_e∪C_i, M=M-R_{C_i}│
            │                        │
            ▼                        │
   对r_e中条件指标进行冗余删除 ◄────────┘
            │
            ▼
     贝叶斯粗糙集的一个R简约
```

图6-2 贝叶斯粗糙集指标简约算法流程

该算法编程实现的基本思路：首先，把决策表条件指标的各种组合编成二进制编码；其次，把所有编码组合对应的指标集、条件指标分别相对于决策指标的分类质量进行比较，如果相等则将该指标集作为矩阵的一行；再次，根据准则，对子集已经是简约的行进行删除，并删除全为零的行；最后，计算所有R简约，并组成矩阵，即得到所有R简约。具体步骤如下：

第 1 步，假设 $n = 2^m - 1$，M 是矩阵 $n \times m$ 的零矩阵，并且假设 $j = 2^m - 1$。

第 2 步，对 j 进行二进制编码，每个二进制编码中 1 所对应的指标组合是 P，根据 $P(X)$ 用轮盘赌的形式从大到小依次计算 P 的全局相对增益函数值 $R_P(X)$。

第 3 步，如果 $R_P(X) = P_C(X)$ 成立，则用 P 所对应的二进制编码替换 M 中的第 j 行，否则继续运算。

第 4 步，执行 $j = j - 1$，如果 $j \geq 1$，则返回第 2 步，否则继续。

第 5 步，根据准则，删除 M 中冗余的行，并删除全为零的行。剩余的行对应的指标集即贝叶斯粗糙集的所有指标简约。

第 6 步，计算出核。

该算法的时间复杂度为 $O(2^{|C|-1}|U|^2)$。

6.4.2 指标的重要性和集成计算模型

反潜巡逻机搜潜决策指标数据经过贝叶斯粗糙集算法预处理后，已经离散化。然后，采用模糊测度计算决策指标的重要性、Choquet 模糊积分确定决策结果，具体方法参阅 5.3.3 节和 5.3.4 节。

6.4.3 基于贝叶斯粗糙集与模糊理论的反潜巡逻机协同搜潜智能决策过程

由于海上战场环境和潜艇目标出现状态的不确定性，以及搜潜设备的特点不同，因此难以直接建立各因素与最优方案之间的解析表达式，这使得各种搜索和供给方案的优劣往往难以精确描述，而只能用模糊的、难以明确的模型来描述。针对搜潜任务中所存在的不确定性问题，在此引入贝叶斯粗糙集简化决策指标。基于贝叶斯粗糙集、模糊测度和 Choquet 模糊积分的反潜巡逻机协同搜潜智能决策方法的具体思路如图 6-3 所示。

具体协同搜潜智能决策过程如下：

（1）针对反潜巡逻机协同搜潜决策问题，建立相应的指标体系，确定为决策指标因素。

（2）引入贝叶斯粗糙集简约算法，简化决策数据，除去冗余的决策指标，确定关键特征指标。

```
                    ┌─────────┐
                    │  开始   │
                    └────┬────┘
                         ↓
         ┌──────────────────────────────┐
    ┌───→│      确定决策指标            │
    │    └──────────────┬───────────────┘
    │                   ↓
    │    ┌──────────────────────────────┐
    │    │   贝叶斯粗糙集简约决策指标   │
    │    └──────────────┬───────────────┘
    │                   ↓
    │    ┌──────────────────────────────┐
    │    │    计算决策指标的重要性      │
    │    └──────────────┬───────────────┘
    │                   ↓
    │    ┌──────────────────────────────┐
    │    │       计算 Shapley 值        │
    │    └──────────────┬───────────────┘
    │                   ↓
    │    ┌──────────────────────────────┐
    │    │     计算 g_λ 模糊测度        │
    │    └──────────────┬───────────────┘
    │                   ↓
    │    ┌──────────────────────────────┐
    │    │ Choquet 模糊积分确定决策结果 │
    │    └──────────────┬───────────────┘
    │                   ↓
    │   否         ╱ 是否满意? ╲
    └─────────────╲           ╱
                    ╲   是   ╱
                         ↓
                    ┌─────────┐
                    │  结束   │
                    └─────────┘
```

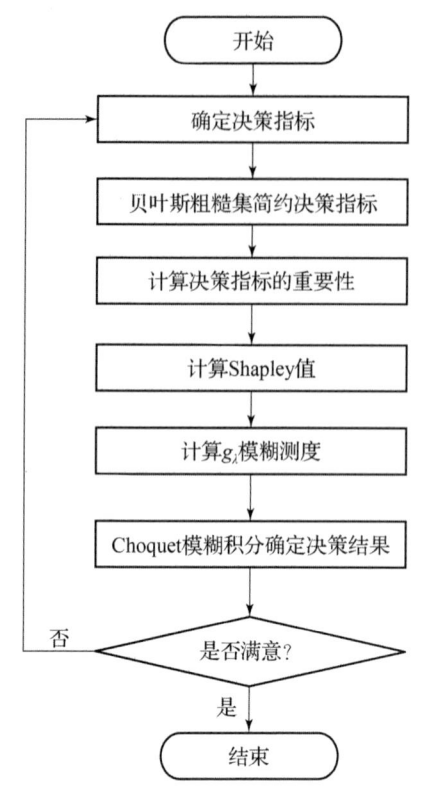

图 6-3 基于贝叶斯粗糙集、模糊测度和 Choquet 模糊积分的反潜巡逻机协同搜潜智能决策过程流程

(3) 引入模糊测度理论,计算决策指标的重要性(权重),解决各个决策指标并不独立,往往具有一定相关性的问题。

(4) 采用适当的方法,取得指标的全局重要性,即指标的 Shapley 值。

(5) 根据优化模型计算指标集合的 g_λ 模糊测度。

(6) 采用 Choquet 模糊积分计算决策结果,确定最终方案决策。

6.4.4 仿真验证与分析

选取第 5 章的仿真条件,存在跃变层的 Ⅲ 型声速梯度,海区深度 200 m,海底平坦,底质淤泥,夏季,海况 2 级,不考虑受到海流影响引起的浮标位置变动,探测静音潜艇。从搜索能力、成本、隐蔽性和实施度等多方面因素建立智能决策模型。

第6章 基于贝叶斯粗糙集与模糊理论的反潜巡逻机协同搜潜智能决策研究

(1) 假设目标潜艇处于深度工作状态,声呐浮标携带数量充足,满足任务需求,潜艇目标散布范围很广,隐蔽性较好,进行验证性分析。

基于5.3.1节的6个协同搜索方案,所得决策方案的仿真结果如表6-1所示。由此,6个方案中的最优方案是方案1,即最优方案是大中型反潜飞机最典型的搜索方式——雷达、红外搜索仪、电子支援系统和声呐浮标组合的搜索方案,在对水下目标搜索的同时,也对水面情况进行监控,及时捕捉可能上浮的潜艇。

表6-1 基于模糊测度与模糊积分的方法和基于贝叶斯粗糙集与模糊测度、模糊积分方法的6个方案的决策结果

方案编号	方案1	方案2	方案3	方案4	方案5	方案6
本章方法的方案优势值	**0.9489**	0.7652	0.8497	0.7961	0.8865	0.8636
第5章方法的方案优势值	**0.9006**	0.7789	0.8377	0.7863	0.8566	0.8612

(2) 假设目标潜艇处于深度工作状态,声呐浮标存有数量不充足,潜艇目标散布范围很小,隐蔽性中等,进行验证性分析。

基于5.3.1节的6个协同搜索方案,所得决策方案仿真结果如表6-2所示。由此,6个方案中的最优方案是方案6,在声呐浮标数量不充足的情况下,推荐只使用磁探仪进行目标潜艇的搜索。

表6-2 基于模糊测度与模糊积分的方法和基于贝叶斯粗糙集与模糊测度、模糊积分方法的6个方案的决策结果数值

方案编号	方案1	方案2	方案3	方案4	方案5	方案6
本章方法的方案优势值	0.8782	0.7937	0.8195	0.8254	0.8505	**0.8963**
第5章方法的方案优势值	0.8776	0.8137	0.8187	0.8246	0.8405	**0.8793**

(3) 假设目标潜艇处于水面航行状态,声呐浮标携带数量充足,满足任务需求,潜艇目标散布范围很小,隐蔽性好,进行验证性分析。

基于5.3.1节的6个协同搜索方案,所得决策方案仿真结果如表6-3所示。由此,6个方案中的最优方案是方案2,对于水面目标,推荐搜索雷达、红外搜索仪和电子支援系统组合协同进行搜潜。

表6-3 基于模糊测度与模糊积分的方法和基于贝叶斯粗糙集与
模糊测度、模糊积分方法的6个方案的决策结果数值

方案编号	方案1	方案2	方案3	方案4	方案5	方案6
本章方法的方案优势值	0.8956	**0.9693**	0.8067	0.9281	0.8579	0.8731
第5章方法的方案优势值	0.8926	**0.9430**	0.8165	0.9359	0.8539	0.8682

（4）假设目标潜艇处于水面航行状态，声呐浮标存有数量不充足，潜艇目标散布范围很小，隐蔽性好，进行验证性分析。

基于5.3.1节的6个协同搜索方案，所得决策方案仿真结果如表6-4所示。由此，6个方案中的最优方案是方案2。因此，对处于水面状态的目标潜艇，采用水面搜潜设备进行协同搜索，且与声呐浮标的数量无关，该结果与实际情况相符合。

表6-4 基于模糊测度与模糊积分的方法和基于贝叶斯粗糙集与
模糊测度、模糊积分方法的6个方案的决策结果数值

方案编号	方案1	方案2	方案3	方案4	方案5	方案6
本章方法的方案优势值	0.8705	**0.9692**	0.7828	0.9356	0.8027	0.8993
第5章方法的方案优势值	0.8791	**0.9520**	0.8124	0.9378	0.8412	0.8802

本方法不需要任何先验信息，不需要确定各指标的权重，有很强的客观性，算例计算所需时间不超过1 ms，简化了决策系统，又不损失有用的信息，既能较好地描述各决策指标之间存在的相互关联现象，也解决了决策指标的冗余问题，保证决策更加客观和准确的同时，还提高了算法的速度。

综上，基于贝叶斯粗糙集、模糊测度、模糊积分方法的反潜巡逻机协同搜潜智能决策方法，可以给出最优方案，并能给出每个方案的优势值，与第5章基于模糊测度和模糊积分方法所得结论基本一致，并与实际情况完全相符。相比基于模糊测度和模糊积分方法，本方法注重数据的简约、提高算法的速度、满足实时性需求，从而可有效提高协同效能。本方法思想简洁易懂，在实际处理大数据量时可以采用MATLAB编程实现，在实际的数据处理中具有广阔的应用前景。

第 7 章

总结与展望

7.1 总　　结

本书运用智能技术对双/多反潜巡逻机协同搜潜辅助智能决策进行了研究。主要研究内容如下：

（1）探讨了反潜巡逻机协同搜潜作战环境和作战对象，分析了近海水文环境（包括海流、潮汐、海水水温、海水盐度）、声速梯度和海洋噪声环境的影响。其次，探讨了目标潜艇的位置散布模型，进行了仿真。然后，分析了目标潜艇的运动模型。

（2）研究了双/多反潜巡逻机协同搜潜方法。设计了双/多反潜巡逻机协同搜潜总体方案，其协同方案可分为自主模式和长机僚机模式，并研究了反潜机协同搜潜发现潜艇的概率。

（3）采用云贝叶斯网络方法研究了双/多反潜巡逻机自主模式协同搜潜目标态势评估问题。反潜巡逻机协同搜潜过程中，战场态势变化迅速，存在大量不确定性，很难建立有效的潜艇目标类型识别和意图评估模型。为了处理具有大量不确定信息的目标态势评估，本书引入云理论和贝叶斯网络，以克服单一的云模型在推理能力上的不足以及贝叶斯网络在知识表示上的缺陷，取云理论的知识表示优势和贝叶斯网络的推理优势，结合云理论的模糊性和随机性的知识表达能力以及贝叶斯网络的推理能力，建立了反潜巡逻机协同搜潜目标态势评估模型，推断敌方作战意图，形成战场态势，为反潜巡逻机协同搜潜指挥决策提供重要依据。

（4）协同搜潜作战智能决策是一个 NP – Complete 问题，针对不确定条件下协同搜潜最优决策时决策指标的相关性问题，引入模糊测度与模糊积分理论，提出一种适用于反潜巡逻机协同搜潜的智能决策方法。针对目标潜艇不同航行状态，组合了6种合理有效方案，并选取搜索能力、隐蔽性、可操作性、经济性作为决策指标，用 g_λ 模糊测度对关联决策指标的重要程度进行建模，用 Marichal 熵算法计算了 g_λ 模糊测度，用 Choquet 积分实现了决策，选出最优或近似最优方案，并进行了仿真分析。仿真结果表明，所建立的模型合理、可行。

（5）构建反潜巡逻机协同搜潜作战智能决策模型过程中，针对指标的冗余问题，基于贝叶斯粗糙集的知识简约方法去掉不必要（或不重要）的指标，挑选特征指标（发现目标潜艇概率、目标潜艇下潜深度、目标潜艇散布范围、浮标数量、隐蔽性、环境参数），提高算法的收敛速度，从而提高算法的最优性和实时性。同时，针对指标的关联问题，用 g_λ 模糊测度对关联决策指标的重要程度进行建模。最后，用 Choquet 积分实现了最优决策结果。本方法解决了指标的冗余和相关性问题，所选出的最优（或近似最优）方案更具有实际意义。

7.2 展　望

本书所研究的内容具有一定意义，但是所做工作尚存在不少有待继续研究之处，因此还存在一些需要进一步改进和研究的问题：

（1）设计了双/多反潜巡逻机协同搜潜总体方案，只设计了双/多机协同模式方案，若考虑方案的实用性（如选择声呐浮标方案后，还存在如何选择搜索阵型等问题），则应进一步研究。

（2）反潜巡逻机协同搜潜目标态势评估问题是一个实时动态过程，

因此采用云离散动态贝叶斯方法研究更加符合实际情况。

（3）目标态势评估结果应该作为反潜巡逻机协同搜潜智能决策的一个指标，而且构建指标模型比较粗糙，智能决策模型有待进一步细化。

（4）贝叶斯粗糙集方法的时间复杂度以指标个数呈几何增长，因此在实际处理问题时，决策指标的个数不超过 20 个，为了增加其实用性，贝叶斯粗糙集有待改进。

（5）本书的仿真环境都比较理想化，仿真中使用的数据和结果与实际情况存在一定差距，需要在其使用和训练中将可能出现的问题进一步丰富，以完善模型。

参考文献

[1] 潘磊, 潘宣宏. 反潜巡逻机与无人艇应召反潜中协同声呐搜潜研究 [J]. 火力与指挥控制, 2021, 46 (8): 83-88.

[2] 鞠建波, 李沛宗, 周烨, 等. 基于反潜直升机平台的吊放声呐与浮标多基地模式应召搜潜概率仿真研究 [J]. 航空兵器, 2020, 27 (4): 74-79.

[3] YAN F, LI Z J, DONG L J, et al. Cloud model-clustering analysis based evaluation for ventilation system of underground metal mine in alpine region [J]. Journal of Central South University, 2021, 28 (3): 796-815.

[4] LI M, ZHANG R, LIU K F. Evolving a Bayesian network model with information flow for time series interpolation of multiple ocean variables [J]. Acta Oceanologica Sinica, 2021, 40 (7): 249-262.

[5] GAO H B, SU H, CAI Y F, et al. Trajectory prediction of cyclist based on dynamic Bayesian network and long short-term memory model at unsignalized intersections [J]. Science China Information Sciences, 2021, 64 (7): 100-112.

[6] 魏玲, 张琬林, 李阳. 基于模糊包含度的贝叶斯粗糙集模型 [J]. 统计与决策, 2019, 35 (2): 34-38.

[7] 张新卫, 冯琼, 李靖, 等. 基于2可加模糊测度的多线性效用函数建模和求解 [J]. 运筹与管理, 2021, 30 (11): 113 - 119.

[8] ECHRESHAVI Z, SHASADEGHI M, ASEMANI MOHAMMAD H. H_∞ dynamic observer - based fuzzy integral sliding mode control with input magnitude and rate constraints [J]. Journal of the Franklin Institute, 2021, 358 (1): 575 - 605.

[9] WETZEL - SMITH S K. The interactive multisensor analysis training system: using scientific visualization to teach complex cognitive skills: ADA313318 [R]. San Diego: Navy Personnel Research and Development Center, 1996.

[10] WETZEL - SMITH S K, ALLEN K, HOLMES E, et al. Interactive multisensor analysis training [C] // 'Challenges of Our Changing Global Environment' Conference Proceedings of OCEANS'95 MTS/IEEE, San Diego, 1995: 871 - 876.

[11] ELLIS J A, PARCHMAN S. Interactive multisensor analysis training (IMAT) system: a oformative evaluationin the aviation antisubmarine warfare (AW) operator class 'A' school [R]. Navy Personnel Research and Development Center, 1994.

[12] 邓雪. 浅海反潜战 [J]. 情报指挥控制系统与仿真技术, 2002 (1): 8 - 12.

[13] GILES E. Jane's C4I systems [M]. London: Jane's Information Group, 2010.

[14] 李居伟. 反潜巡逻机攻潜效能评估与作战使用研究 [D]. 烟台: 海军航空工程学院, 2012.

[15] Jane's helicopter markets and systems: Sikorsky S - 70B/H - 60 [M]. London: Jane's Information Group, 2011.

[16] Jane's avionics: tactical data system (TDS) [M]. London: Jane's Information Group, 2010.

[17] Jane's underwater warfare systems: SYVA [M]. London: Jane's Information Group, 2011.

［18］Jane's underwater warfare systems：Sonar 2068（SEPADS）［M］. London：Jane's Information Group，2011.

［19］MAY D M，CROOKS W H，PURCELL D D，et al. Application of adaptive decision aiding systems to computer – assisted instruction［R］. Arlington：Army Research Institute. for the Behavioral and Social Sciences，1977.

［20］ROBBINS D L. Decision – making process of an antisubmarine warfare commander［R］. Monterey：Naval Postgraduate School，1986.

［21］海军装备论证研究中心. 国外反潜战［M］. 北京：海军出版社，1987.

［22］纪金耀. 外军和台军反潜作战［M］. 北京：军事科学出版社，2002.

［23］纪金耀. 俄罗斯海军协同反潜战术［M］. 北京：海军出版社，1999.

［24］张明德，翟文中. 美国海军反潜技术与反潜直升机［M］. 北京：海洋出版社，2016.

［25］陶荣华，王丹，迟铖. 国外航空磁探潜装备应用分析及发展趋势［J］. 水下无人系统学报，2021，29（4）：369 – 373.

［26］韩庆伟，太禄东，汤晓迪. 美国海军反潜装备现状及其发展［J］. 舰船电子工程，2009，29（5）：22 – 24.

［27］PILNICK S E，LANDA J. Airborne radar search for diesel submarines［R］. Naval Postgraduate School，2005.

［28］CHUAN E C. A helicopter submarine search game［R］. Naval Postgraduate School，1988.

［29］谭安胜，王新为. 反潜巡逻机磁探仪巡逻搜索研究［J］. 电光与控制，2019，26（2）：1 – 4.

［30］谭安胜，王新为，尹成义. 反潜巡逻机磁探仪区域搜索研究［J］. 电光与控制，2018，25（8）：1 – 6.

［31］余义德，张丹. 磁探仪苜蓿叶应召搜索搜潜建模与仿真研究［J］. 舰船电子工程，2017（8）：88 – 92.

[32] 王珺琳,刘金荣,吕政良,等. 基于空间磁场模型的航空磁探测分析方法 [J]. 中国电子科学研究院学报,2016,11(1):32-35.

[33] 谭安胜,王新为. 反潜巡逻机声呐浮标区域搜索研究:布听异步搜索 [J]. 电光与控制,2017,24(6):1-7.

[34] 谭安胜,王新为,尹成义. 反潜巡逻机声呐浮标巡逻搜索得到接触后行动方法研究 [J]. 电光与控制,2018,25(11):1-10.

[35] 谭安胜,王新为,尹成义. 反潜巡逻机声呐浮标巡逻搜索标准线列阵及布阵方法 [J]. 电光与控制,2018,25(7):1-7.

[36] 谭安胜,王新为,尹成义. 反潜巡逻机声呐浮标巡逻搜索态势分析模型 [J]. 电光与控制,2018,25(4):1-6.

[37] 杨兵兵,鞠建波,闫国玉,等. 基于云理论和组合赋权方法的反潜巡逻机搜潜效能评估技术研究 [J]. 兵器装备工程学报,2016,37(2):11-14.

[38] 祝超,鞠建波,吴晓文,等. 基于多基地声呐的反潜巡逻机检查搜潜效能研究 [J]. 兵工自动化,2017,36(12):62-65.

[39] 鞠建波,祝超,单志超,等. 反潜巡逻机应召布放多基地声呐阵搜潜效能研究 [J]. 兵工自动化,2018,37(2):92-96.

[40] 鞠建波,祝超,胡胜林. 反潜巡逻机应召布放多基地声呐拦截阵搜潜效能研究 [J]. 指挥控制与仿真,2017,39(3):55-59.

[41] 秦瑞祥,冯策. 基于朴素贝叶斯的航空反潜搜索辅助决策模型 [J]. 中国电子科学研究院学报,2016,11(1):84-87.

[42] 祝超,鞠建波,王鹏,等. 基于灰色关联决策和组合赋权方法的反潜巡逻机搜潜决策 [J]. 指挥控制与仿真,2017,39(2):10-14.

[43] 范赵鹏,温玮,杨磊,等. 基于DEA/ANP方法的声呐浮标搜潜方案决策模型 [J]. 海军航空工程学院学报,2017,32(6):523-528.

[44] 南银波,曾广荣. 基于HLA的反潜巡逻机浮标搜潜模型仿真框架结构设计 [J]. 国外电子测量技术,2017,36(5):78-80.

[45] 张明智,娄寿春,何章明. 指挥控制系统决策支持需求研究 [J]. 空军工程大学学报(自然科学版),2001,12(6):22-25.

[46] 郭锐,余家祥. 现代水面舰艇反潜作战决策支持系统研究 [J].

舰船论证参考，2004（1）：1-3.

[47] 周智超. 基于模糊综合评判的舰艇指挥控制效能评估研究 [J]. 指挥控制与仿真，2006，28（1）：7-10.

[48] 陆铭华，赵琳. 潜艇指挥决策控制模型及仿真研究 [J]. 船舶工程，2005（3）：60-63.

[49] 杨毅，宋裕农，李长军. 潜艇作战指挥辅助决策系统 [J]. 军事系统工程，1998（3）：11-18.

[50] 吴红军，屈也频. 模糊决策在海军航空反潜指挥辅助决策系统的应用 [J]. 上海航天，2005（2）：26-28.

[51] 屈也频. 反潜搜潜效能评估与决策建模 [M]. 北京：国防工业出版社，2011.

[52] 屈也频，廖瑛. 航空反潜搜索方案辅助决策系统研究 [J]. 电光与控制，2008，15（10）：1-4.

[53] 屈也频. 反潜巡逻飞机搜潜辅助决策系统建模与仿真研究 [D]. 长沙：国防科学技术大学，2008.

[54] 王涛，孙明太. 航空反潜辅助决策系统的结构设计 [J]. 海军航空工程学院学报，2003，18（3）：355-358.

[55] 杨少伟，鞠建波，郁红波. 基于三角模糊数的反潜巡逻机搜潜决策技术 [J]. 兵器装备工程学报，2020，41（11）：165-170.

[56] 孙明太. 航空反潜概论 [M]. 北京：国防工业出版社，1998.

[57] 孙明太. 航空反潜战术 [M]. 北京：军事科学出版社，2003.

[58] 郑润高，张成栋. 基于航空反潜战术搜索确定区域的优化方法 [J]. 舰船电子工程，2018（1）：21-24.

[59] 邓歌明，周晓光，冯百胜，等. 基于对策论的舰载反潜机反潜作战兵力部署研究 [J]. 火力与指挥控制，2017，42（4）：66-69.

[60] 吴杰，孙明太，刘海光. 反潜机协同作战样式及关键问题研究 [J]. 国防科技，2016，37（2）：101-104.

[61] 毛杰，程铭. 反潜飞机应召搜潜建模研究 [J]. 计算机与数字工程，2016，44（12）：2419-2425.

[62] 毛杰，冯伟强，张昊. 基于UML的固定翼飞机应召反潜概念模型

研究[J]. 兵工自动化, 2018, 37 (1): 64-67.

[63] 赵海潮, 饶炜, 程浩, 等. 航空声呐浮标搜潜系统总体技术研究[J]. 声学与电子工程, 2020 (3): 1-6.

[64] 秦锋. 声呐浮标搜潜效能评估及决策建模研究[D]. 烟台: 海军航空工程学院, 2013.

[65] 翟京生, 潘长明. 军事海洋环境[M]. 北京: 中国大百科全书出版社, 2014.

[66] 申家双, 周德玖. 海战场环境特征分析及其建设策略[J]. 海洋测绘, 2016, 36 (6): 32-37.

[67] 苏纪兰. 中国近海水文[M]. 北京: 海洋出版社, 2005.

[68] 李琰, 范文静, 骆敬新, 等. 2017年中国近海海温和气温气候特征分析[J]. 海洋通报, 2018, 37 (3): 296-302.

[69] 谭红建, 蔡榕硕, 黄荣辉. 中国近海海表温度对气候变暖及暂缓的显著响应[J]. 气候变化研究进展, 2016, 12 (6): 500-507.

[70] 蔡榕硕, 陈际龙, 黄荣辉. 我国近海和邻近海的海洋环境对最近全球气候变化的响应[J]. 大气科学, 2006, 30 (5): 1019-1033.

[71] 孙湘平. 中国近海区域海洋[M]. 北京: 海洋出版社, 2006.

[72] AINSLIE M A. Principles of sonar performance modeling [M]. Berlin: Springer Praxis Publishing, 2010.

[73] 章尧卿, 胡柱喜, 刘克. 基于声速梯度的声呐浮标工作深度选择[J]. 舰船电子工程, 2018, 38 (9): 138-142.

[74] 贾维敏, 金伟, 李义红. 遥测技术及应用[M]. 北京: 国防工业出版社, 2016.

[75] 王鲁军, 凌青, 袁延艺. 美国声呐装备及技术[M]. 北京: 国防工业出版社, 2011.

[76] ETTER P C. 水声建模与仿真[M]. 3版. 蔡志明, 译. 北京: 电子工业出版社, 2005.

[77] 刘伯胜, 雷家煜. 水声学原理[M]. 哈尔滨: 哈尔滨工程大学出版社, 2010.

[78] 梁巍, 杨日杰, 熊雄. 被动定向声呐浮标跟踪潜艇优化布放[J].

兵工自动化, 2017, 36 (10): 42-45.

[79] PAPERNO E, SASADA I, LEONOVICH E. A new method for magnetic positioning and orientation tracking [J]. IEEE Transactions on Magnetics, 2001, 37 (4): 1938-1940.

[80] 朱清新. 离散和连续空间中的最优搜索理论 [M]. 北京: 科学出版社, 2005.

[81] JOUSSELME A. Uncertainty in a situation analysis perspective [J]. Proceedings of the International Society on Information Fusion Conference, 2003, 2: 1207-1214.

[82] YANG H, ZENG R, XU G, et al. A network security situation assessment method based on adversarial deep learning [J]. Applied Soft Computing, 2021, 102 (8): 107096.

[83] ENDSLEY M R, GARLAND D J. Situation awareness analysis and measurement [M]. Mahawah: Lawrence Erlbaum Associates, 2000.

[84] ENDSLEY M R. Toward a theory of situation awareness in dynamic systems [J]. Human Factors Journal, 1995, 37 (1): 32-64.

[85] ENDSLEY M R. Situation awareness global assessment technique (SAGAT) [J]. Proceedings of the IEEE 1988 National Aerospace and Electronics Conference, 1988, 3: 789-795.

[86] ENDSLEY M R. Supporting situation awareness in aviation systems [J]. IEEE International Conference on Systems, Man, and Cybernetics, Computational Cybernetics and Simulation, 1997, 5: 4177-4181.

[87] ENDSLEY M R, HOFFMAN R R. The Sacagawea principle [J]. IEEE Transactions on Intelligent Systems, 2002, 17 (6): 80-85.

[88] LLINAS J, HALL D L. An introduction to multi-sensor data fusion [J]. Proceedings of the 1998 IEEE International Symposium on Circuits and Systems, 1998, 6: 537-540.

[89] 李涛, 张刚, 成建波. 采用贝叶斯网络的应召反潜目标态势评估 [J]. 电光与控制, 2019, 26 (6): 40-44.

[90] 李德毅, 刘常昱, 杜鹢, 等. 不确定性人工智能 [J]. 软件学报,

2004, 15 (11): 1583-1594.

[91] 尹东亮, 黄晓颖, 吴艳杰, 等. 基于云模型和改进 D-S 证据理论的目标识别决策方法 [J]. 航空学报, 2021, 42 (12): 293-304.

[92] 李德毅, 杜鹢. 不确定性人工智能 [M]. 北京: 国防工业出版社, 2014.

[93] ZADEH L A. Fuzzy sets [J]. Information and Control, 1965, 8: 338-353.

[94] GEER J F, KLIR G J. A mathematical analysis of information-preserving transformations between probabilistic and possibilistic formulations of uncertainty [J]. International Journal of General Systems, 1992, 20 (2): 143-176.

[95] CHEN C, ZHANG L, TIONG R. A novel learning cloud Bayesian network for risk measurement [J]. Applied Soft Computing, 2020, 87: 105947.

[96] JIA J Z, LI Z, JIA P, et al. Reliability analysis of a complex multistate system based on a cloud Bayesian network [J]. Shock and Vibration, 2021 (1): 1-27.

[97] Army Academy of Armored Forces. Intention recognition method based on normal cloud generator-Bayesian network: Australia, AU2020103407 [P]. 2021-01-28.

[98] QIAO W L, MA X X, LIU Y, et al. Resilience assessment for the Northern Sea Route based on a fuzzy Bayesian network [J]. Applied Sciences, 2021, 11 (8): 3619.

[99] RAMLI N, GHANI N A, AHMAD N, et al. Psychological response in fire: a fuzzy Bayesian network approach using expert judgment [J]. Fire Technology, 2021, 57 (5): 2305-2338.

[100] GUAN L, LIU Q, ABBASI A, et al. Developing a comprehensive risk assessment model based on fuzzy Bayesian belief network [J]. Journal of Civil Engineering and Management, 2020, 26 (7): 614-634.

[101] WANG L, YANG H Y, ZHANG S W, et al. Intuitionistic fuzzy dynamic

Bayesian network and its application to terminating situation assessment [J]. Procedia Computer Science, 2019, 154: 238-248.

[102] LI D Y, CHEUNG D, SHI X M, et al. Uncertainty reasoning based on cloud models in controllers [J]. Computers and Mathematics with Applications, 1998, 35 (3): 99-123.

[103] GRANT K. Efficient indexing methods for recursive decompositions of Bayesian networks [J]. International Journal of Approximate Reasoning, 2012, 53 (7): 969-987.

[104] 王巍. 基于云参数贝叶斯网络的威胁评估方法 [J]. 计算机技术与发展, 2016, 26 (6): 106-110.

[105] AKERKAR R. Introduction to artificial intelligence [M]. Cham: Springer, 2017.

[106] KUITCHE M A, Jr, BOTEZ R M. Modeling novel methodologies for unmanned aerial systems: applications to the UAS-S4 Ehecatl and the UAS-S45 Bálaam [J]. Chinese Journal of Aeronautics, 2019, 32 (1): 58-77.

[107] CAI W Y, ZHANG M Y, ZHENG Y R. Task assignment and path planning for multiple autonomous underwater vehicles using 3D Dubins curves [J]. Sensors, 2017, 17 (7): 1607-1626.

[108] MAHMOUDZADEH S, POWERS D M W, SAMMUT K, et al. Hybrid motion planning task allocation model for AUV's safe maneuvering in a realistic ocean environment [J]. Journal of Intelligent and Robotic Systems, 2019, 94: 265-282.

[109] BAI T, WANG D. Cooperative trajectory optimization for unmanned aerial vehicles in a combat environment [J]. Science China Information Sciences, 2019, 62 (1): 10205.

[110] 刘琳. g_λ 模糊测度和模糊积分的进一步研究及应用 [D]. 哈尔滨: 哈尔滨理工大学, 2015.

[111] SUGENO M. Theory of fuzzy integral and its applications [D]. Tokyo: Tokyo Institute of Technology, 1974.

[112] SAMBUCINI A R. The Choquet integral with respect to fuzzy measures and applications [J]. Mathematica Slovaca, 2018, 67 (6): 1427 - 1450.

[113] SHAPLEY L S. A value for n - person games, in contributions to the theory of games Ⅱ [J]. Annals of Math Study, 1953, 28: 307 - 317.

[114] GRABISCH M. K - order additive discrete fuzzy measures and their representation [J]. Fuzzy Sets and Systems, 1997, 92 (2): 167 - 189.

[115] GARCÍA F S, ÁLVAREZ P G. Two families of fuzzy integrals [J]. Fuzzy Sets and Systems, 1986, 18: 67 - 81.

[116] GARCÍA F S, ÁLVAREZ P G. Measures of fuzziness of fuzzy events [J]. Fuzzy Sets and Systems, 1987, 21: 147 - 157.

[117] 吴从炘, 任雪昆. 一元微积分基础理论深化与比较 [M]. 北京: 高等教育出版社, 2018.

[118] ZHONG F, DENG Y. Audit risk evaluation method based on TOPSIS and Choquet fuzzy integral [J]. American Journal of Industrial and Business Management, 2020, 10 (4): 815 - 823.

[119] BIGDELI B, PAHLAVANI P, AMIRKOLAEE H A. A multiple remote sensing sensor fusion system using Choquet fuzzy integral and modified particle swarm optimization (FI - MPSO) [J]. Journal of the Indian Society of Remote Sensing, 2020, 49 (2): 405 - 418.

[120] 陈建仁, 宋福陶, 孙玉莉. Lebesgue 测度与积分: 问题与方法 [M]. 哈尔滨: 哈尔滨工业大学出版社, 2011.

[121] RAGHAV L P, KUMAR R S, RAJU D K, et al. Analytic hierarchy process (AHP): swarm intelligence based flexible demand response management of grid - connected microgrid [J]. Applied Energy, 2022, 306: 118058.

[122] PAWLAK Z. Rough set [J]. International Journal of Computer and Information Science, 1982, 11 (5): 341 - 356.

[123] 张文修, 梁怡, 吴伟志, 等. 信息系统与知识发现 [M]. 北京: 科学出版社, 2003.

[124] ZIARKO W. Variable precision rough set model [J]. Journal of Computer and System Science, 1993, 46 (1): 39-59.

[125] SLEZAK D, ZIARKO W. The investigation of the Bayesian rough set model [J]. International Journal of Approximate Reasoning, 2005, 40 (1/2): 81-91.

[126] PAL U, BHATTACHARYA S, DEBNATH K. R implementation of Bayesian decision theoretic rough set model for attribute reduction [J]. Industry Interactive Innovations in Science, Engineering and Technology, 2018, 11: 459-466.

[127] HALDER S B, DEBNATH K. A study on attribute reduction by Bayesian decision theoretic rough set models [J]. Annals of Fuzzy Mathematics and Informatics, 2014, 8 (6): 913-920.

[128] PRASAD M, TRIPATHI S, DAHAL K. An efficient feature selection based Bayesian and rough set approach for intrusion detection [J]. Applied Soft Computing, 2020, 87: 105980.

[129] 张文修. 模糊数学基础 [M]. 西安：西安交通大学出版社，1984.

[130] 赵汝怀. (N) 模糊积分 [J]. 数学研究与评论，1981，2 (23): 9-10.

[131] 俞新贞，何家儒. 关于 λ 可加 Fuzzy 测度的 Fuzzy 积分 I [J]. 四川师范大学学报：自然科学版，1991，14 (4): 13-19.

[132] 张德利，郭彩梅，吴从炘. 模糊积分论进展 [J]. 模糊系统与数学，2003，17 (4): 1-10.

附录 A

云模型理论

1. 云和云滴

定义 A.1 假设 U 是一个用精确数值量表示的定量论域，C 是 U 上的定性概念。若定量值 $x \in U$，且 x 是定性概念 C 的一次随机实现，x 对 C 的确定度 $\mu(x) \in [0,1]$ 是具有稳定倾向的随机数，

$$\mu: U \to [0,1], \forall x \in U, x \to \mu(x) \quad (A-1)$$

则将 x 在论域 U 上的分布称为云，将每个 x 称为一个云滴，表示为 $\mathrm{drop}(x,\mu(x))$。

云是由云滴组成的，一个云滴是定性概念在数量上的一次实现，云滴越多就越能反映该定性概念的整体特征。其中，云滴的确定度通常用模糊集理论中的隶属度概念来表示，反映了模糊性；同时，这个值自身也是一个随机值，可以用其概率分布函数描述。因此，云将模糊性和随机性有机地结合。

2. 云的数字特征

云的数字特征反映了概念在整体上的定量特征[91-92]，描述了云的形态分布。云有 3 个数字特征——期望(expected value) E_x、熵(entropy) E_n、超熵(hyper entropy) H_e，这 3 个数字特征共同决定了云图的分布。期望 E_x 是云滴在论域空间分布的期望，是云的重心位置，也是云滴最具代表性

的数字特征,它在云图上表征为最高点,是最能代表定性概念的点,也是概念量化的最典型样本。熵 E_n 是云模型中用来衡量定性概念的模糊程度,其值的大小直接决定定性概念所涵盖的论域范围。熵值越大。则定性概念横跨的论域范围越大。超熵 H_e 是熵的不确定度量,即熵的熵,主要体现云滴的离散程度,表征为论域空间代表该语言值的所有点的不确定的凝聚度,反映为云形的厚度。超熵越大,云滴分布越离散,云层也就越厚。当超熵为 0 时,隶属云退化为模糊理论中的精确隶属度函数曲线。

3. 云发生器

云的生成算法称为云发生器,所以在云模型中,定性概念与定量数值之间的转换是通过云发生器来实现的。云发生器按照功能来划分,可分为正向云发生器和逆向云发生器。

1)正向云发生器

正向云发生器(forward cloud generator, FCG)表示由定性概念到定量数值表示的过程(图 A-1),是实现从定性概念到定量数据的转换模型,即定性到定量的映射。当云滴数是 N 时,其数值之间算法流程如图 A-2 所示。

图 A-1 正向云发生器示意图

正向云发生器的具体算法步骤如下:

第 1 步,生成一个以 E_n 为期望值、H_e 为标准差的正态随机数 E'_n。

第 2 步,生成以 E_x 为数学期望值、E'_n 为均方差的随机数 x。

第 3 步,令 x 为定性概念 C 的一次具体量化值,即 $(x, \mu(x))$。

第 4 步,计算 x 的确定度 $\mu(x)$:

$$\mu(x) = \exp\left[\frac{-(x-E_x)^2}{2(E'_n)^2}\right] \qquad (A-2)$$

第 5 步,输出一个具有确定度 $\mu(x)$ 的云滴。

第 6 步,重复第 1 步~第 5 步,直至产生 N 个云滴。

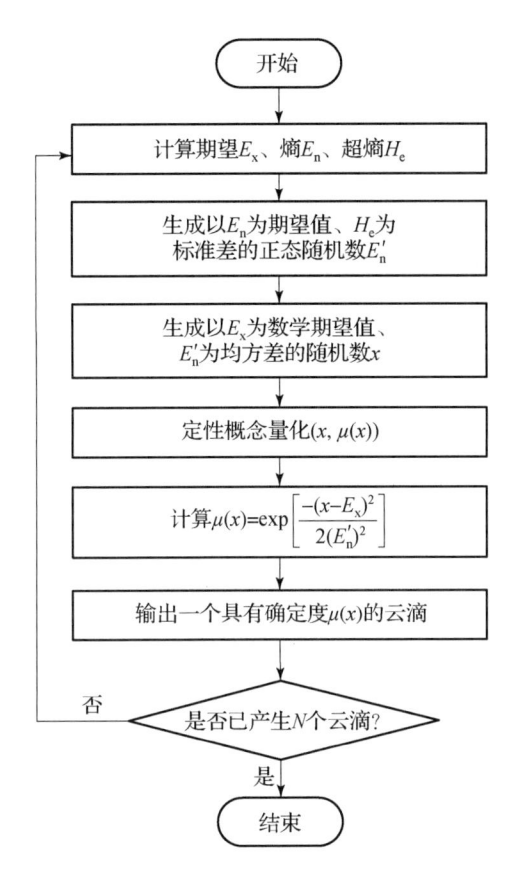

图 A-2　正向云发生器算法流程示意图

2) 逆向云发生器

逆向云发生器（backward cloud generator，BCG）表示由定量表示到定性概念的过程（图 A-3），是实现定量数值到定性概念的转换模型，能够把精确的数据转换成用云模型数字特征（E_x, E_n, H_e）整体表示的定性概念，是基于云模型的连续数据离散化的一种方法，即从连续的定量数值区间到离散的定性概念的转换过程。BCG 基本算法有两种，一种是利用确定度信息的逆向云算法，另一种是不需要确定度信息的逆向云算法。

图 A-3　逆向云发生器示意图

（1）基于确定度信息的逆向云算法流程如图 A-4 所示。

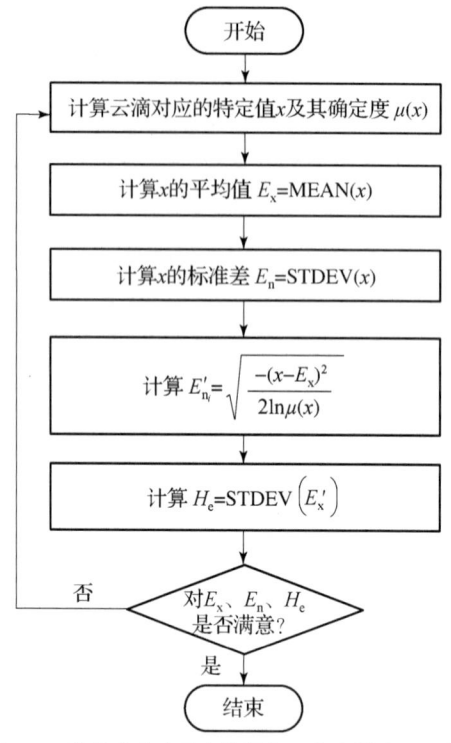

图 A-4 基于确定度信息的逆向云发生器流程示意图

具体算法步骤如下：

第 1 步，计算 x 的平均值 $E_x = \text{MEAN}(x)$，求得期望 E_x。

第 2 步，计算 x 的标准差 $E_n = \text{STDEV}(x)$，求得熵 E_n。

第 3 步，对每一数对 $(x, \mu(x))$，计算 $E_n' = \sqrt{\dfrac{-(x-E_x)^2}{2\ln\mu(x)}}$。

第 4 步，计算 E_n' 的标准差 $H_e = \text{STDEV}(E_x')$，求得超熵 H_e。

其中，MAEN(·) 和 STDEV(·) 分别是求平均值和标准差的函数。利用确定度信息的逆向云算法适用于数据值和确定度信息充足的情况。

（2）在确定度信息未知的情况下，采用的逆向云算法流程如图 A-5 所示。

该定量到定性的映射算法具体步骤如下：

第 1 步，计算样本均值 $\overline{X} = \dfrac{1}{N}\sum\limits_{i=1}^{N}x_i$，求得期望 $E_x = \overline{X}$。

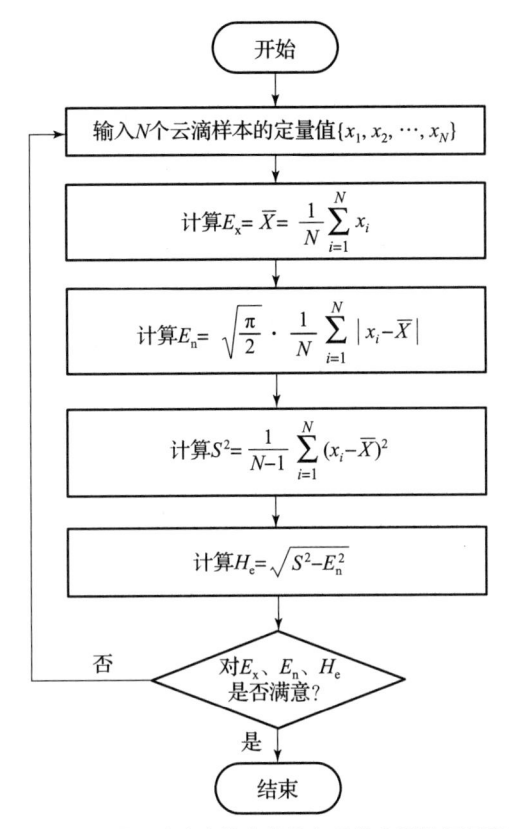

图 A-5　不需要确定度信息的逆向云发生器流程示意图

第 2 步，计算熵 $E_n = \sqrt{\dfrac{\pi}{2}} \cdot \dfrac{1}{N} \sum\limits_{i=1}^{N} |x_i - \overline{X}|$。

第 3 步，计算云滴样本方差 $S^2 = \dfrac{1}{N-1} \sum\limits_{i=1}^{N} (x_i - \overline{X})^2$。

第 4 步，计算超熵 $H_e = \sqrt{S^2 - E_n^2}$。

其中，$x_i(i=1,2,\cdots,N)$ 是 N 个云滴样本的定量值，云滴样本表示的定性概念有数字特征期望 E_x、熵 E_n、超熵 H_e。

已知评估区间范围时，可采用指标近似法，即通过云模型进行表征定性语言值时，对于双边约束 $[C_{min}, C_{max}]$ 的一些表达比较具有模糊性。可以选择下面的算法计算云参数[12]：

$$E_x = (C_{min} + C_{max})/2 \qquad (A-3)$$

$$E_n = (C_{max} - C_{min})/6 \qquad (A-4)$$

$$H_e = k \tag{A-5}$$

式中，k 的取值可以根据实际场景中评估项所出现的可能情况作相应调整；熵 E_n 的度量方法服从 3σ 正态分布，即样本点的分布在判定区间中的概率为 99.7%。当实际评估数据取到接近于阈值时，相对应的隶属程度也会趋近于 0，此时样本点在边界区域的分布较为混乱，所以评估结果不易判断[12]。

4. 云模型运算法则

云模型之间有一定的运算规则，其四则运算法则以及与常数 a 的数乘运算法则如表 A-1 所示。

表 A-1 云模型运算法则

运算	E_x	E_n	H_e
+	$E_{x_1} + E_{x_2}$	$\sqrt{E_{n_1}^2 + E_{n_2}^2}$	$\sqrt{H_{e_1}^2 + H_{e_2}^2}$
-	$E_{x_1} - E_{x_2}$	$\sqrt{E_{n_1}^2 + E_{n_2}^2}$	$\sqrt{H_{e_1}^2 + H_{e_2}^2}$
×	$E_{x_1} \times E_{x_2}$	$E_{x_1} E_{x_2} \sqrt{\left(\dfrac{E_{n_1}}{E_{x_1}}\right)^2 + \left(\dfrac{E_{n_2}}{E_{x_2}}\right)^2}$	$E_{x_1} E_{x_2} \sqrt{\left(\dfrac{H_{e_1}}{E_{x_1}}\right)^2 + \left(\dfrac{H_{e_2}}{E_{x_2}}\right)^2}$
÷	$\dfrac{E_{x_1}}{E_{x_2}}$	$\dfrac{E_{x_1}}{E_{x_2}} \sqrt{\left(\dfrac{E_{n_1}}{E_{x_1}}\right)^2 + \left(\dfrac{E_{n_2}}{E_{x_2}}\right)^2}$	$\dfrac{E_{x_1}}{E_{x_2}} \sqrt{\left(\dfrac{H_{e_1}}{E_{x_1}}\right)^2 + \left(\dfrac{H_{e_2}}{E_{x_2}}\right)^2}$
数乘	aE_{x_1}	aE_{n_1}	H_{e_1}

附录 B
贝叶斯网络

1. 贝叶斯网络基本概念

1985 年，Judea Pearl 首先提出贝叶斯网络（Bayesian network，BN），亦称信念网络、信度网络、因果网络，是贝叶斯方法的扩展，是一种基于概率分析和图论的不确定性知识的表达和推理模型。贝叶斯网络采用网络描述事件和假想之间的相互关系，以条件概率描述节点之间的关联程度。贝叶斯网络以表示因果关系的有向无环图来表示。图中的节点表示变量或事件，有向边表示变量之间的依赖关系，这种关系用条件概率 P 表示。贝叶斯网络的节点变量既可以是离散型，也可以是连续型。有向边出发的节点称为双亲节点，到达的节点称为孩子节点。孩子节点依赖于双亲节点。一旦双亲节点的状态确定，孩子节点的状态也就确定。贝叶斯网络规定：对于任意一个节点，在给定该节点的直接父节点条件下，该节点与任意除该节点及其后代节点以及直接父节点以外的其他节点条件独立。图 B-1 所示为一个简单的贝叶斯网络，A 是双亲节点。B、D 和 E 是孩子节点。C 是 A 的孩子节点，且是 D 和 E 的双亲节点。节点变量可以是任何问题的抽象，如测试值、观测现

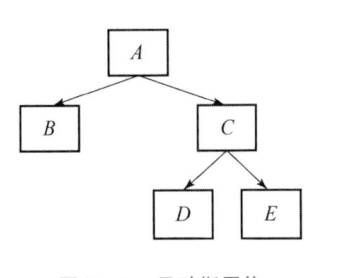

图 B-1 贝叶斯网络

象等。每一个节点都附有与该变量相联系的条件概率分布函数，如果变量是离散的，则它表现为给定其父节点状态时该节点取不同值的条件概率表（根节点的条件概率用其先验概率表示）。

如果一个节点的状态是可以观测的，则该节点称为可观测节点；否则称为隐藏节点。离散静态贝叶斯网络的一个重要性质就是条件无关性，即在给定双亲情况下，孩子节点的状态与其他节点无关。

贝叶斯网络能够以图形的模式直观描述变量之间的概率关系，是一种将概率论和图论完美结合、可用于不确定事件分析和推理的工具，其最显著的特点是直观、准确，其特性有条件独立性、基于概率论的严格推理、知识表示。

1）条件独立性

贝叶斯网络求某个变量概率信息时，只考虑与该变量有关的变量，从而大大降低了问题的复杂度。

2）基于概率论的严格推理

贝叶斯网络是不确定性知识表达和推理模型，它的推理原理就是贝叶斯概率论。

3）知识表示

贝叶斯网络知识表示分为定性知识表示和定量关系表示。定性知识是指网络结构表示的事件之间的因果关系；定量关系是指节点的条件概率表，主要来源于专家经验等途径。

2. 贝叶斯网络参数和结构的学习

一个贝叶斯网络由两部分构成——网络结构 S、节点 X 的条件概率 P。S 是一个有向图，每个节点代表一个数据变量 X_i，Pa_i 为 S 中节点 X_i 的父节点集合。条件概率 P 中每个元素为数据变量 X_i 的条件概率密度 $P(X_i|Pa_i,\zeta)$，ζ 为观测者的先验知识，$P(X|\zeta) = p(X_1,X_2,\cdots,X_n|\zeta) = \prod_{i=1}^{n} p(X_i|X_1,X_2,\cdots,X_{i-1},\zeta)$。对于任一数据变量 X_i，必可找到一个与 X_i 条件都不独立的最小子集 $\pi_i \in \{X_1,X_2,\cdots,X_{i-1}\}$，使得此时 π_i 中的变量就是贝叶斯网络中 X_i 的父节点 Pa_i，故 $P(X|\zeta) = \prod_{i=1}^{n} p(X_i|Pa_i,\zeta)$。

贝叶斯网络的学习[13]就是找出一个能够真实反映数据库中的数据和

变量之间关系的网络结构。记变量集 $X = \{X_1, X_2, \cdots, X_n\}$，对于每一个变量 X_i，其值域为 $\{x_i^1, x_i^2, \cdots, x_i^{r_i}\}$，$C = \{C_1, C_2, \cdots, C_m\}$ 为数据样本集，S^h 为网络结构 S 所产生的事件。贝叶斯网络的学习过程也就是根据数据样本 D 和先验知识 ζ 找出后验概率 $p(S^h \mid D, \zeta)$ 最大的贝叶斯网络结构 S 的过程。由贝叶斯概率公式可知，$p(S^h \mid D, \zeta) = \dfrac{p(S^h, D \mid \zeta)}{p(D \mid \zeta)}$。样本 D 的先验概率 $p(D \mid \zeta)$ 不依赖于网络的结构 S。记先验概率的参数变量 $\theta_{ijk} = p(X_i^k \mid Pa_i^j, \theta_i, S^h, \zeta) > 0$，$\sum_{k=1}^{r_i} \theta_{ijk} = 1$；$Pa_i$ 的值域为 $\{Pa_i^1, Pa_i^2, \cdots, Pa_i^{q_i}\}$，$q_i = \prod_{x_i \in Pa_i} r_i$ 为 Pa_i 的所有的状态，则

$$p(X \mid \theta, S^h, \zeta) = \prod_{i=1}^{n} p(x_i \mid Pa_i, \theta, S^h, \zeta) \quad (B-1)$$

对于贝叶斯网络的学习，有以下 3 个假设条件[94]：

（1）随机样本 D 是完整的，即 D 中没有丢失的数据。

（2）参数变量相互独立，即 $p(\theta \mid S^h, \zeta) = \prod_{i=1}^{n} p(\theta_i \mid S^h, \zeta)$，$p(\theta_i \mid S^h, \zeta)$ 为第 i 个变量 χ_i 的先验概率密度，$p(\theta_i \mid S^h, \zeta) = \prod_{j=1}^{q_i} p(\theta_j \mid S^h, \zeta)$，$p(\theta_j \mid S^h, \zeta)$ 为变量 x_i 的父节点为 Pa_i^j 时的先验概率密度。

（3）参数变量 Dirichlet 分布，即 $p(\theta_j \mid S^h, \zeta) = \dfrac{\Gamma\left(\prod_{k=1}^{r_i} N'_{ijk}\right)}{\prod_{k=1}^{r_i} \Gamma(N'_{ijk})} \prod_{k=1}^{r_i} \theta_{ijk}^{N'_{ijk}-1}$，

其中 $N'_{ijk} > 0$ 为 Dirichlet 分布的指系数，它的大小与 S^h 和 ζ 有关，当 $r_i = 2$ 时，Dirichlet 分布即 β 分布。最后可得

$$\begin{aligned} p(S^h, D \mid \zeta) &= p(S^h \mid \zeta) p(D \mid S^h, \zeta) \\ &= p(S^h \mid \zeta) \prod_{i=1}^{n} \prod_{j=1}^{q_i} \dfrac{\Gamma(N'_{ij})}{\Gamma(N'_{ij} + N_{ij})} \prod_{k=1}^{r_i} \dfrac{\Gamma(N'_{ijk} + N_{ijk})}{\Gamma(N'_{ijk})} \quad (B-2) \end{aligned}$$

式中，N_{ijk}——数据库中满足 $X_i = x_i^k$ 且父节点状态组合为 j 的样本数；

$$N_{ij} = \sum_{k} N_{ijk}, \quad N'_{ij} = \sum_{k} N_{ijk} 。$$

此时联合概率只由 Dirichlet 分布的指系数 N'_{ijk} 决定，这表明，贝叶斯网络的学习过程即寻找指系数 N'_{ijk}，使联合概率 $p(S^h, D \mid \zeta)$ 最大。

记 $g(X_i) = \prod_{i=1}^{n}\prod_{j=1}^{q_i} \frac{\Gamma(N'_{ij})}{\Gamma(N'_{ij}+N_{ij})} \prod_{k=1}^{r_i} \frac{\Gamma(N'_{ijk}+N_{ijk})}{\Gamma(N'_{ijk})}$，则 $p(S^h, D \mid \zeta) = p(S^h \mid \zeta)g(X_i)$，$g(X_i)$ 为数据变量 X_i 对联合概率密度的贡献值，每个 $g(X_i)$ 是独立的，我们对每个 X_i 逐个计算，找出能使 $g(X_i)$ 增大的数据变量 X_i，直到 $g(X_i)$ 不再增加，找到的这些 $g(X_i)$ 就为 X_i 的父节点。

3. 贝叶斯网络推理

贝叶斯网络推理是指利用贝叶斯网络的结构及其条件概率表，在给定证据后，计算某些节点取值的概率。它是在一个不确定环境和不完全信息下进行决策支持和因果发现的工具。贝叶斯推理提供了一种以概率为基础的推理算法，它针对人们感兴趣的并受概率控制的变量，结合观察到的数据，对这些概率进行推理并做出最优的决策。贝叶斯网络推理提供了一种通过加权证据支持可用假设的定量方法，这不仅为那些直接操纵概率的算法提供了理论基础，而且为分析未明确运算概率的算法提供了理论构架。

贝叶斯网络的推理算法分为精确算法和近似算法。常用的贝叶斯网络的精确推理算法有桶消元法、连接树算法、信息传递算法。其中，连接树算法（junction tree algorithm）是应用最为广泛和计算速度最快的方法。该算法首先把贝叶斯网络转化为一个连接树，将联合概率分解为局部概率的因式形式，以此减小联合概率的计算量；然后，通过连接树上节点之间的消息传递来进行计算，消息会依次传遍整个连接树，直到连接树满足全局一致性。对变量进行消除、道义化及三角化后，就形成一个删除树[95]（elimination trees）；删除的节点满足运行交叉属性（running intersection property，RIP）后，便可以从中构造一个连接树。RIP 是指一个有序的集合序列 $C_1, C_2, \cdots, C_k$，对所有的 $1 < j \leq k$，存在一个 $i < j$，使得 $C_j \cap (C_1 \cup C_2 \cup \cdots \cup C_{j-1}) \subseteq C_i$。

Pearl 提出的算法在贝叶斯网络的推理中也应用较广泛，其基本思想是：为每个节点分配一个处理器，每个节点既可以发送证据（distribute evidence）也可以收集证据（collect evidence）。因此，经过这样的过程后，每个节点的信度就会发生改变从而得到更新。如图 B-2 所示，在一个简单的贝叶斯网络中，子节点与父节点之间存在一个固有的概率关系（称为先验概率），这个关系不会因为节点信度的改变而发生变化。在推理过程中

存在两种信息形式：从子节点传来的诊断信息 λ；父节点向子节点发送的因果信息 π。当节点得到这两种信息后，就可以更新自身的信度。以节点 M 为例，其诊断信息 $\lambda(M) = \lambda_M(R) \times \lambda_M(F)$，其因果信息 $\pi(M) = \pi_M(S) \times P(S|M)$，$\lambda_M(R) = \lambda(R) \times P(R|M)$，$\lambda_M(F) = \lambda(F) \times P(F|M)$，其中 $P(S|M)$ 为节点 S 和节点 M 之间的条件先验概率，$P(R|M)$ 以及 $P(F|M)$ 的含义同理，故此时节点 M 的信度为 $\mathrm{BEL}(M) = \lambda(M) \times \pi(M)$。

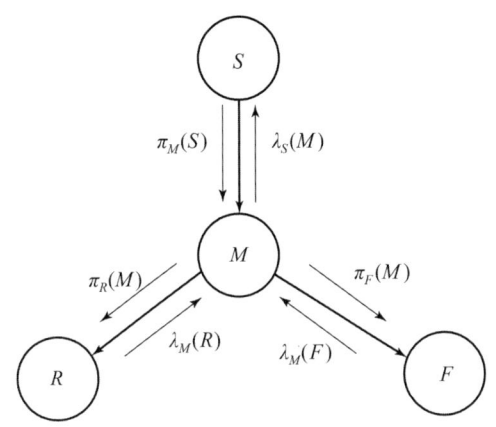

图 B-2　贝叶斯网络信息传递图

贝叶斯网络推理的依据就是贝叶斯公式：

$$P(x|y) = \frac{P(yx)}{P(y)} = \frac{P(yx)}{\sum_x P(yx)} \quad (\text{B}-3)$$

对一个具有 n 个隐藏节点和 m 个观测节点的离散静态贝叶斯网络应用贝叶斯网络的条件独立特性[96]，得到其推理公式为

$$P(x_1,x_2,\cdots,x_n|y_1,y_2,\cdots,y_m) = \frac{\prod_j P(y_j|Pa(Y_j)) \prod_i P(x_i|Pa(X_i))}{\sum_{x_1 x_2 \cdots x_n} \prod_j P(y_j|Pa(Y_j)) \prod_i P(x_i|Pa(X_i))}$$

$$(\text{B}-4)$$

式中，$i \in [1,n]$，$j \in [1,m]$；x_i 表示隐藏节点 X_i 的一个取值状态；y_j 表示观测节点 Y_j 的取值；$Pa(Y_j)$ 表示观测节点 Y_j 的双亲节点集合；分母求和符号 $\sum$ 下的 $x_1 x_2 \cdots x_n$ 为隐藏变量的一种组合状态。式（B-4）分母的含义是对观测变量组合状态和隐藏变量组合状态的联合分布求和，实际是计算确定的观测变量组合状态的分布。

附录 C
模糊测度与模糊积分

1. 模糊测度

测度是数学的基本概念之一，通常分为经典测度与模糊测度。经典测度主要研究一般集合上的测度，是勒贝格测度的进一步抽象和发展。简言之，测度是可测的几何区域上的某种测量尺度，概率论中的概率测度是经典测度的一个特例，并且满足可加性。经典测度之所以受关注，主要是因为其具有可加性，但在具体实践中，这种可加性的约束可能太强，所以难以把握。虽然可加性能够很好地描述没有误差的理想情况下的测量问题，但是实际情况下测量误差经常是不可避免的，所以经典测度并不能充分描述一些实际物理条件下的测量问题。另外，一些主观评判、非重复性试验的测量，本质上是非可加的。相较于经典测度，模糊测度的表现特征无法直接进行加减性运算，所以也被称为非可加性测度，属于模糊数学的范畴。模糊测度包括似然测度、信任测度、可能性测度、2-可加测度、λ-模糊测度等。从集合的角度看，模糊测度可视为经典概率测度中集合点对集合集在隶属关系研究上的一种延伸，通过模糊测度可以描述某一集合点对于该集合集的隶属程度，或者说以模糊测度对该集合集进行某种度量。而当这种描述或度量可通过一组集合数来表示时，传统的集合逻辑与方法便进一步推广为以研究隶属函数与隶属度为基础的模糊集概念。由此，模糊测度在应用解决实际问题中的优势便显现出来。其定义如下：

定义 C.1[109]　设 X 是一个非空集合，Y 为 X 的所有子集组成的 σ-代数，Y 上的一个非负广义实值集函数 $\mu:Y\rightarrow[0,\infty)$ 称为一个模糊测度，如果它满足以下条件：

① （平凡性）$\mu(\varnothing)=0$；

② （单调性）$\forall A\in Y, B\in Y, A\subset B\Rightarrow\mu(A)\leqslant\mu(B)$；

③ （下连续性）$\forall A_n\in Y, A_1\subset A_2\subset\cdots\subset A_n\subset\cdots, n=1,2,\cdots,\Rightarrow\mu\left(\bigcup_{n=1}^{\infty}A_n\right)=\lim_{n\rightarrow\infty}\mu(A_n)$；

④ （上连续性）$A_n\in Y, A_1\supset A_2\supset\cdots\supset A_n\supset\cdots, n=1,2,\cdots,$ 且 $\exists n_0$，使得：$\mu(A_{n_0})<\infty\Rightarrow\mu\left(\bigcap_{n=1}^{\infty}A_n\right)=\lim_{n\rightarrow\infty}\mu(A_n)$；

则称 (X,Y,μ) 是模糊测度空间，(X,Y) 称为可测空间。如果 μ 只满足条件①~③，则称 μ 是可测空间 (X,Y) 的下半连续模糊测度；如果 μ 只满足条件①、②、④，则称 μ 是上半连续模糊测度；如果 $\mu(X)=1$，则称 μ 为正则模糊测度；如果 $\mu(X)<\infty$，则称 μ 是有限测度。当 X 是一个有限集合时，Y 是 X 的幂集 $P(X)$，条件③、④自动满足。

由上述可见，模糊测度就是舍弃了经典测度的可加性，由更广泛的单调性取代，从而更符合解决实际中的问题。

1974 年，Sugeno 提出了 λ-Fuzzy 测度，即 g_λ 模糊测度，其定义如下：

定义 C.2[109]　设 X 是一个非空集合，Y 为 X 的所有子集组成的 σ-代数。(X,Y) 为一可测空间，$\lambda\in(-1,+\infty)$，集函数 $g_\lambda:Y\rightarrow[0,1]$ 称为 (X,Y) 上的 g_λ 测度，如果它满足以下条件：

① $g_\lambda(X)=1$；

② $A,B\in F, A\cap B=\varnothing\Rightarrow g_\lambda(A\cup B)=g_\lambda(A)+g_\lambda(B)+\lambda g_\lambda(A)g_\lambda(B)$；

③ $\{A_n, n\geqslant 1\}\subset Y, A_n\uparrow A(A_n\downarrow A)\Rightarrow\lim_{n\rightarrow\infty}g_\lambda(A_n)=g_\lambda(A)$。

则 g_λ 即 g_λ 模糊测度。把模糊测度扩展到 g_λ 模糊测度是又一个新开辟的研究课题。

定义 C.3[109] 若对 $\forall E_1 \in Y, E_2 \in Y, E_1 \cap E_2 = \varnothing$，有 $\mu(E_1 \cup E_2) = \mu(E_1) + \mu(E_2)$ 成立，则称 μ 是可加的。

若对 $\forall E_1 \in Y, E_2 \in Y, E_1 \cap E_2 = \varnothing$，有 $\mu(E_1 \cup E_2) \leq \mu(E_1) + \mu(E_2)$ 成立，则称 μ 是次可加的。

若对 $\forall E_1 \in Y, E_2 \in Y, E_1 \cap E_2 = \varnothing$，有 $\mu(E_1 \cup E_2) \geq \mu(E_1) + \mu(E_2)$ 成立，则称 μ 是超可加的。

若对 $\forall E \in Y, F \in Y, E \cup F \in Y, E \cap F = \varnothing$ 且 $\mu(F) = 0$，有 $\mu(E \cup F) = \mu(E)$ 成立，则称 μ 是零可加的。

显然，模糊测度是正规单调集函数，且空集的函数值为零。从决策角度来看，对任意准则子集 $E_1 \in Y$，模糊测度值 $\mu(E_1)$ 可以解释为集合 E_1 的权重或重要性，单调性意味着子集的权重不能因为新准则的加入而减少。

定义 C.4[109] μ 满足 $\sigma^-\lambda$ 律是指：存在 $\lambda \in \left(-\dfrac{1}{\sup\mu}, \infty\right)$，$\sup\mu = \sup\limits_{E \in Y} \mu(E)$，使得对任意的 $E \in Y, F \in Y, E \cup F \in Y, E \cap F = \varnothing$，有 $\mu(E \cup F) = \mu(E) + \mu(F) + \lambda\mu(E)\mu(F)$ 成立，使得 Y 中任意不相交序列 $\{E_1, E_2, \cdots, E_n\}$ 的并集也在 Y 中，有

$$\mu\left(\bigcup_{i=1}^{\infty} E_i\right) = \begin{cases} \dfrac{1}{\lambda}\left\{\prod_{i=1}^{\infty}[1 + \lambda\mu(E_i)] - 1\right\}, & \lambda \neq 0 \\ \sum_{i=1}^{\infty} \mu(E_i) & \lambda = 0 \end{cases}$$

当且仅当 μ 满足 $\sigma^-\lambda$ 律，并且至少存在一个 $E \in Y$ 使得 $\mu(E) < \infty$ 时，称 μ 是 Y 上的 g_λ 模糊测度。当 $g_\lambda(X) = 1$ 且任意 $E \in Y$ 有 $g_\lambda(E) \in [0,1]$ 时，称其为正则的 g_λ 模糊测度。g_λ 模糊测度在单点集上的值 $g_\lambda(\{x_i\})$ 也称为模糊密度，记作 g_i，有下列性质：

定理 C.1[109] 设 $X = \{x_1, x_2, \cdots, x_n\}$，$\mu$ 是 Y 上的 g_λ 模糊测度，μ 至少在两个单点集上的值大于零，即

$$1 + \lambda = \prod_{i=1}^{n}[1 + \lambda \cdot \mu(\{x_i\})] = \prod_{i=1}^{n}(1 + \lambda \cdot g_i) \quad (C-1)$$

① 当 $\sum_{i=1}^{n}\mu(\{x_i\}) < 1$ 时，$\lambda > 0$，g_λ 模糊测度是超可加的；

② 当 $\sum_{i=1}^{n}\mu(\{x_i\}) = 1$ 时，$\lambda = 0$，g_λ 模糊测度是可加的，退化为经典测度；

③ 当 $\sum_{i=1}^{n}\mu(\{x_i\}) > 1$ 时，$-1 < \lambda < 0$，g_λ 模糊测度是次可加的。

由上可知，正则 g_λ 模糊测度中未知参数 λ 的值完全由式（C-1）确定。

若 $X = \{x_1, x_2, \cdots, x_n\}$ 为有限集合，对于 $P(X) = \{E \subset X\}$ 上的 g_λ 模糊测度，$\lambda \neq 0$，则任意 $E \in P(X)$，即映射：$x_i \rightarrow g_i = g(\{x_i\})$，$i = 1, 2, \cdots, n$，称为模糊密度函数。$g_\lambda$ 模糊测度可完全由其模糊密度函数确定，即

$$g(E) = \frac{1}{\lambda}\left[\prod_{x_i \in E}(1 + \lambda g_i) - 1\right] \quad (C-2)$$

2. 模糊积分

德国数学家 Riemann 研究傅里叶级数时，曾经尝试可以用傅里叶级数表示更广泛一类的函数。1853 年，他撰写了论文《用三角级数来表示函数》，在文中给出了定积分的定义以及可积性准则，其中体现的积分思想使得他成为对近代积分学影响最大的数学家之一。但是，Riemann 积分中存在一些缺陷，如积分与极限可交换顺序的条件太严、积分运算不完全是微分运算的逆运算等。于是，人们对其进行了改进。1902 年，法国数学家 Lebesgue 成功引入一种新的积分，即 Lebesgue 积分[120]。

模糊积分的理论研究由来已久。美国计算机与控制论专家 Zadeh 提出了模糊集的概念，1965 年，他在杂志 *Information and Control* 上的著名论著[110]标志模糊理论的诞生。1974 年，Sugeno[111] 提出了模糊测度的概念，在此基础上，Sugeno 还定义了一种泛函，即 Sugeno 模糊积分。定义如下：

定义 C.5 假设 (X, Y) 为一可测空间，$\mu: Y \rightarrow [0, 1]$ 是模糊测度，$f: X \rightarrow [0, 1]$ 是可测函数，$A \in Y$，则 f 在 A 上关于 μ 的 Sugeno 模糊积分为

$$\int_A f\mathrm{d}\mu = \bigvee_{\alpha \in [0,1]} [\alpha \wedge \mu(F_\alpha \cap A)] \qquad (C-3)$$

式中，$F_\alpha = \{x \in X | f(x) \geq \alpha\}$，$\vee = \sup$，$\wedge = \inf$。

模糊积分主要在于把 Lebesgue 积分中的运算 "+" "·" 取代为 "∨" "∧"，因而积分性质也就失去了可加性。Sugeno 最早把模糊积分应用于主观评判过程，取得了较好的效果，因而这一理论也就备受人们重视。赵汝怀[129]把 "∧" 代之以普通乘法 "·"，于 1981 年给出（N）模糊积分；张文修[130]给出 T 模糊积分，即用三角模 "T" 代替 "∧"，Suarez 与 Alvarez[115-116]用 "三角半模" 代替 "∧"，于 1986 年得到半模模糊积分。吴从炘[117]研究了模糊积分运算的特点，于 1990 年提出了一种称之为 "广义三角模" 的运算，即一个二元函数 $S:[0,\infty) \times [0,\infty) \setminus \{(0,\infty),(\infty,0)\} \to [0,\infty)$，如果满足下述条件：

①当 $S[x,0] = 0$，$x \in [0,\infty)$，并且 $\exists e \in (0,\infty)$ 使得 $S[x,e] = x$，$x \in (0,\infty)$；

②$S[x,y] = S[y,x]$；

③$x_1 \leq x_2$，$y_1 \leq y_2$ 蕴含 $S[x_1,y_1] \leq S[x_2,y_2]$；

④$x_n \uparrow x$，$y_n \downarrow y$ 蕴含 $S[x_n,y_n] \to S[x,y]$；

则称此二元函数为广义三角模。用广义三角模 "S" 代替 Sugeno 模糊积分中的运算 "∧"，就得到广义模糊积分，因而它是 Sugeno 模糊积分的推广。基于 g_λ 模糊测度的理论，俞新贞等[131]定义了 g_λ 模糊积分。但 Sugeno 模糊积分不是 Lebesgue 积分的推广，当测度满足可加性时，Sugeno 模糊积分并不能还原为 Lebesgue 积分，即使是广义模糊积分也不是一类特殊的 Lebesgue 积分[132]，这样就限制了其在实际中的应用，为弥补缺陷，人们又进一步进行了研究，近年来，模糊积分得到迅猛发展。

3. 模糊测度与 Choquet 模糊积分

法国数学家 Choquet 针对其提出的容度，又定义了一种积分，现被广泛称作 Choquet 模糊积分[118]。当模糊测度有经典的可加性时，Choquet 积分就退化为 Lebesuge 积分，所以 Choquet 积分是 Lebesuge 积分的推广。随着 Murofushi 与 Sugeno 等人后续在模糊测度上的研究和对 Choquet 模糊积分的改进，其得以在传统 Lebesuge 积分的研究基础上严格拓展，并在模糊测度理论与应用中深化发展，成为模糊积分的一种。基于模糊测度的 Choquet 模糊积分有多种数学定义方式，在此如定义 C.6、定义 C.7 所示。

定义 C.6 设 $f:X \to [0, +\infty)$，μ 是定义在 X 上的模糊测度，f 关于 μ 的 Choquet 模糊积分定义如下：

$$\int_X f(x) \cdot \mu(\cdot) = \int_0^\infty \mu(F_\alpha) \, d\alpha \tag{C-4}$$

式中，$F_\alpha = \{x \mid f(x) \geq \alpha, x \in X\}$，$X$ 是一个有限集合。

当 $f:X \to [0,1]$ 时，Choquet 模糊积分如定义 C.7 所示。

定义 C.7 设有限集合 $X = \{x_1, x_2, \cdots, x_n\}$，函数 f 为离散值函数，函数值分别为 $\{f(x_1), f(x_2), \cdots, f(x_n)\}$，且假设 $f(x_1) \leq f(x_2) \leq \cdots \leq f(x_n)$，则 f 在 X 上关于测度 μ 的 Choquet 模糊积分模型[111,120]为

$$(c)\int f d\mu = \sum_{i=1}^n \mu(A_i)[f(x_i) - f(x_{i-1})] \tag{C-5}$$

式中，$f(x_0) = 0$，$A_i = \{a_i, a_{i+1}, \cdots, a_n\}$。

对于 $(c)\int_A f d\mu$ 有两种表示方式：

$$(c)\int_A f d\mu = (c)\int f_A d\mu \tag{C-6}$$

$$(c)\int_A f d\mu = (c)\int f d\mu_A \tag{C-7}$$

在此，μ_A 是 μ 对 A 的限制。当 f 是非负时，式（C-6）和式（C-7）是相同的。

定理 C.2 假设 f 和 g 是定义在 X 上的集合函数，A 是 X 的子集，则 $(c)\int f d\mu$ 的性质如下：

① 若 μ 是模糊测度，并且 $f \leq g$，则 $(c)\int f d\mu \leq (c)\int g d\mu$；

② 若 a 是一个非负实数，b 是一个实数，则 $(c)\int (af + b) d\mu = a(c)\int d\mu + b\mu(X)$；

③ $(c)\int f\mathrm{d}\mu = (c)\int f^+\mathrm{d}\mu - (c)\int f^-\mathrm{d}\mu$,其中,$f^+(x) = \max\{f(x),0\}$,$f^-(x) = \min\{-f(x),0\}$;

④若 μ 和 v 是定义在 X 上的模糊测度,$\mu \leq v$,那么对于在 X 上的所有函数 f:$(c)\int f\mathrm{d}\mu \leq (c)\int f\mathrm{d}v$。

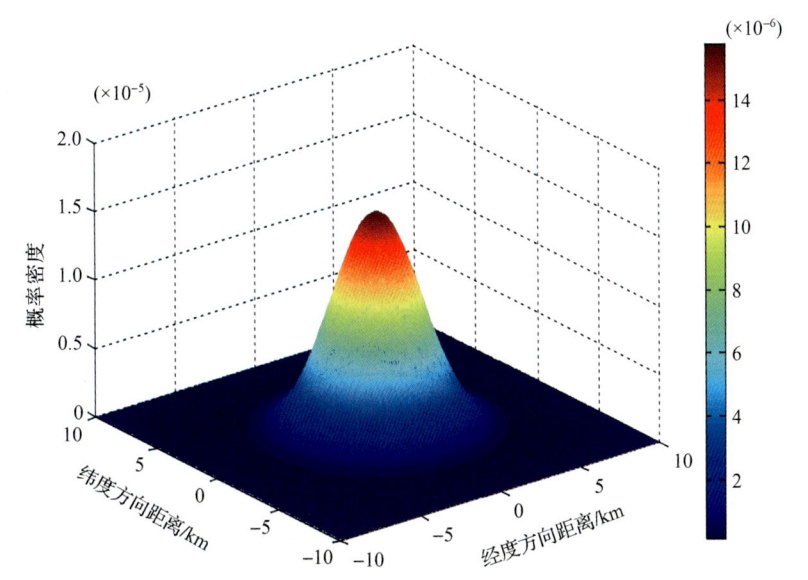

图2-5 应召搜潜时潜艇目标初始位置散布规律仿真图

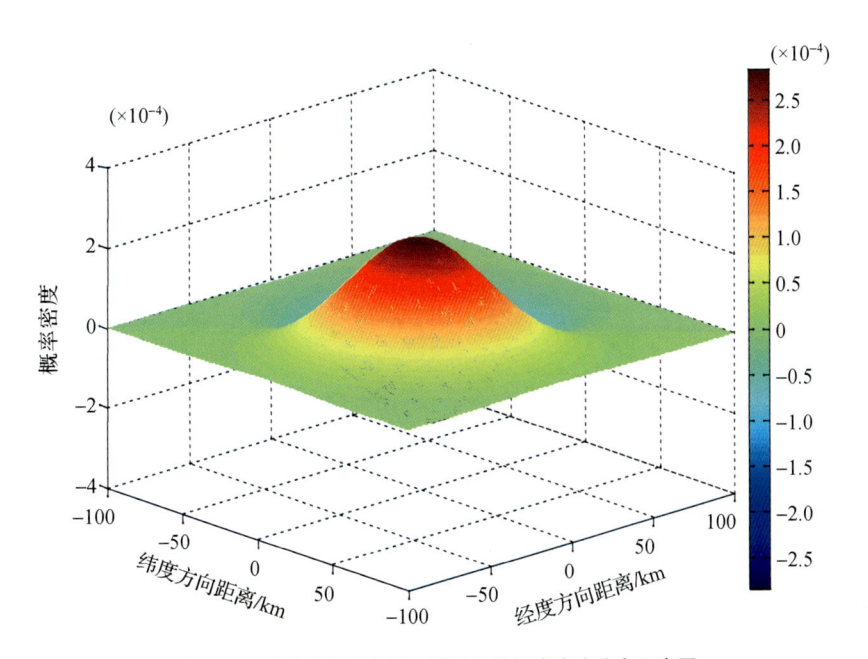

图2-6 速度未知条件下,潜艇位置概率密度分布示意图

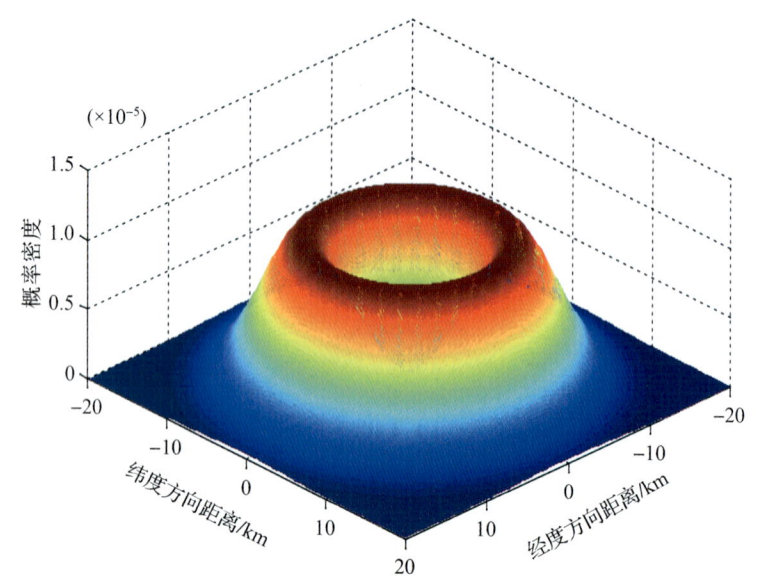

图2-7 速度已知条件下,潜艇位置概率密度分布示意图

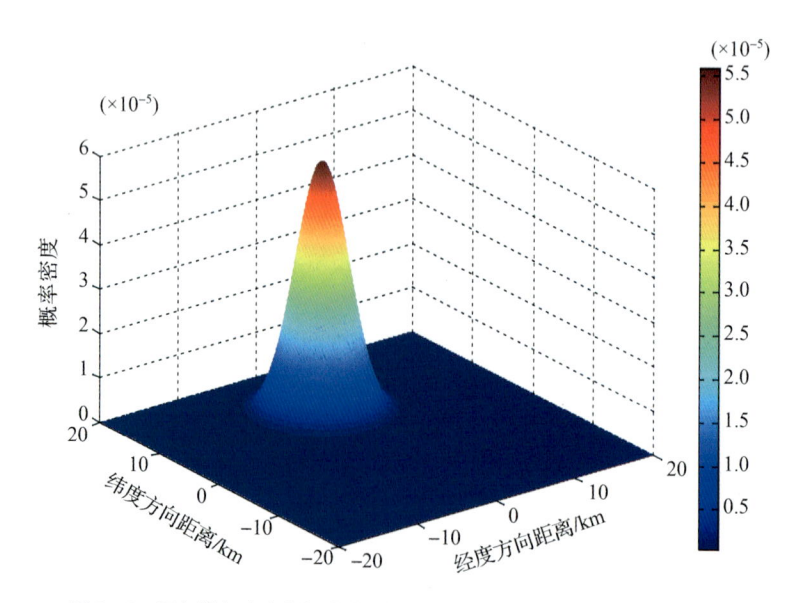

图2-8 已知潜艇速度和概略航向条件下,潜艇位置概率密度分布示意图

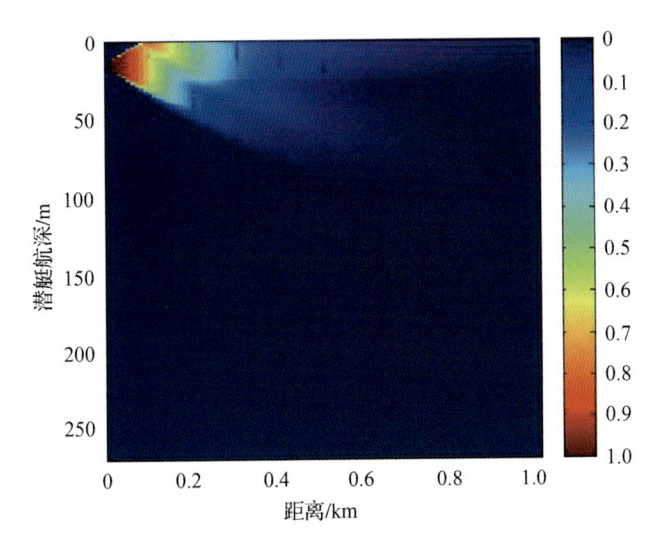

图4-25　工作深度15 m时对极静型潜艇的瞬时探测概率

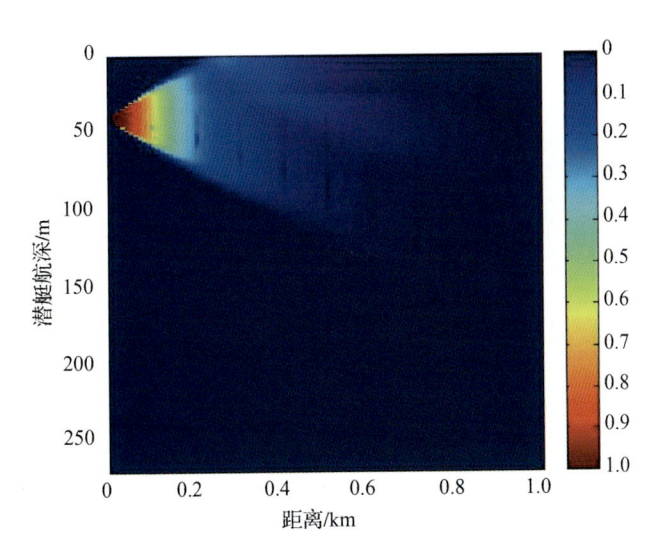

图4-26　工作深度40 m时对极静型潜艇的瞬时探测概率

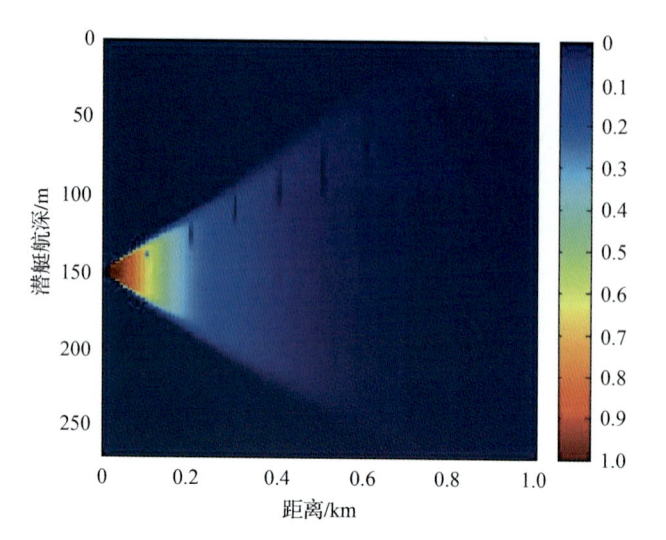

图 4-27 工作深度 150 m 时对极静型潜艇的瞬时探测概率

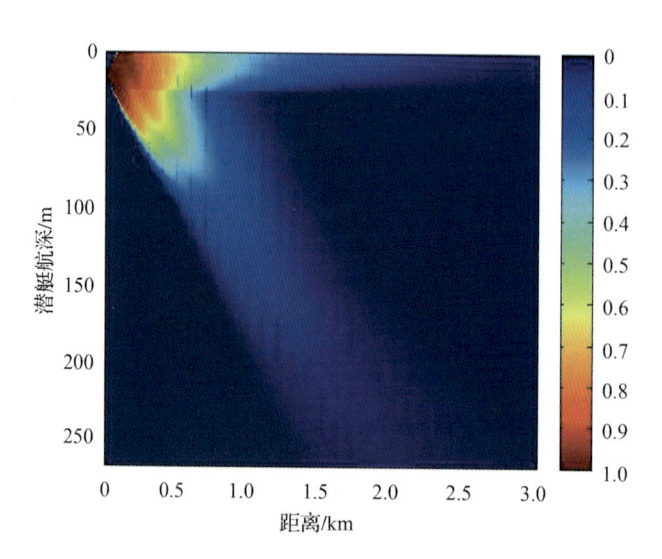

图 4-28 工作深度 15 m 时对静音潜艇的瞬时探测概率

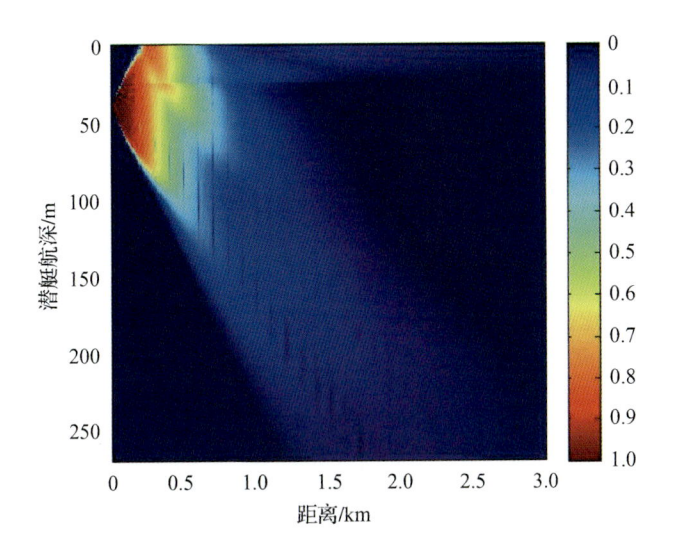

图 4-29 工作深度 40 m 时对静音潜艇的瞬时探测概率

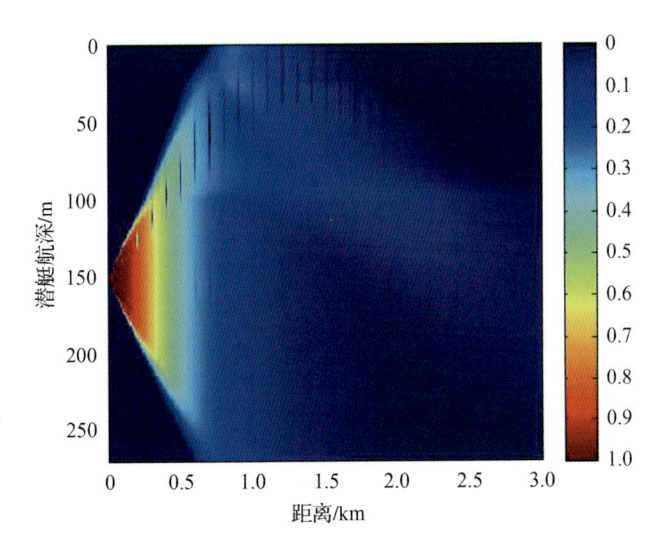

图 4-30 工作深度 150 m 时对静音潜艇的瞬时探测概率

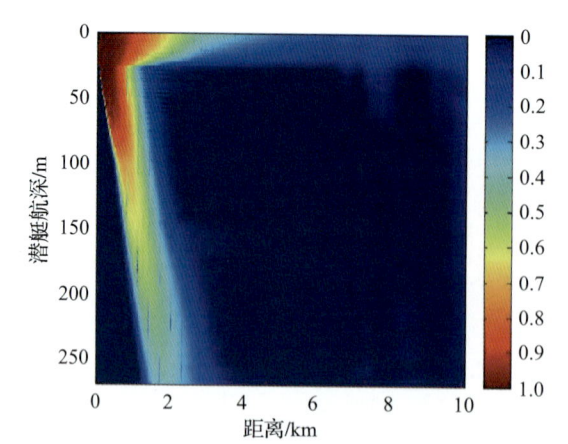

图 4–31 工作深度 15 m 时对噪声潜艇的瞬时探测概率

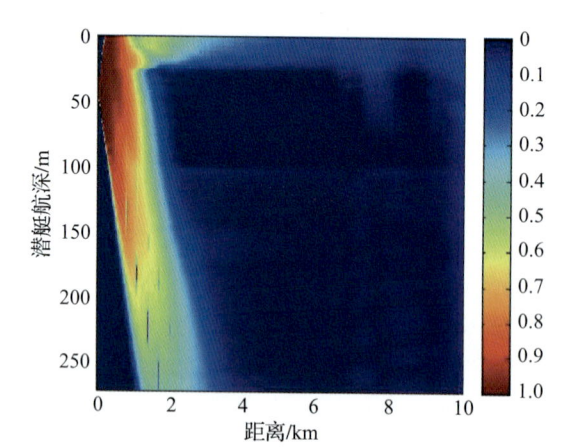

图 4–32 工作深度 40 m 时对噪声潜艇的瞬时探测概率

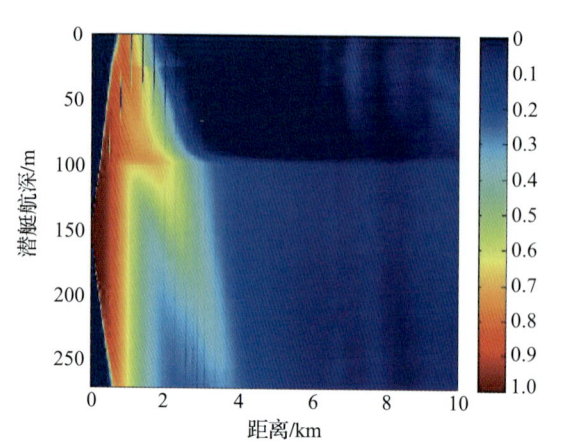

图 4–33 工作深度 150 m 时对噪声潜艇的瞬时探测概率

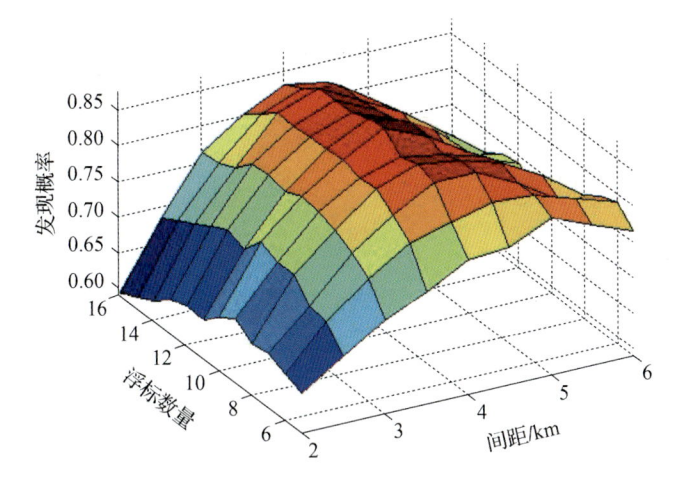

图4-37 圆形包围阵发现概率

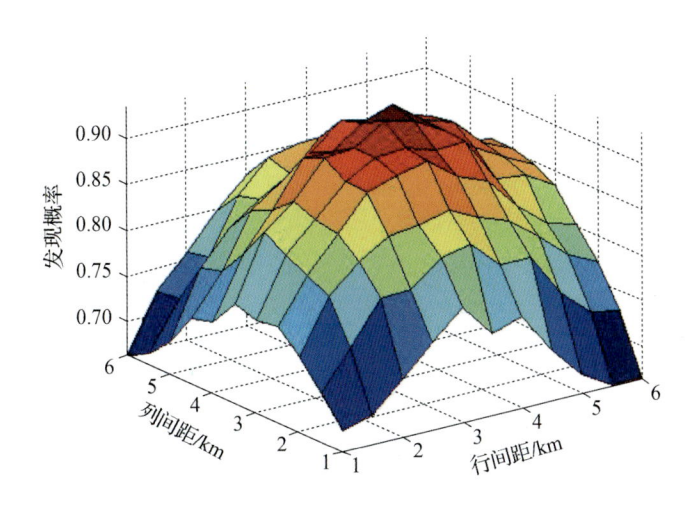

图4-38 覆盖阵应召反潜发现概率

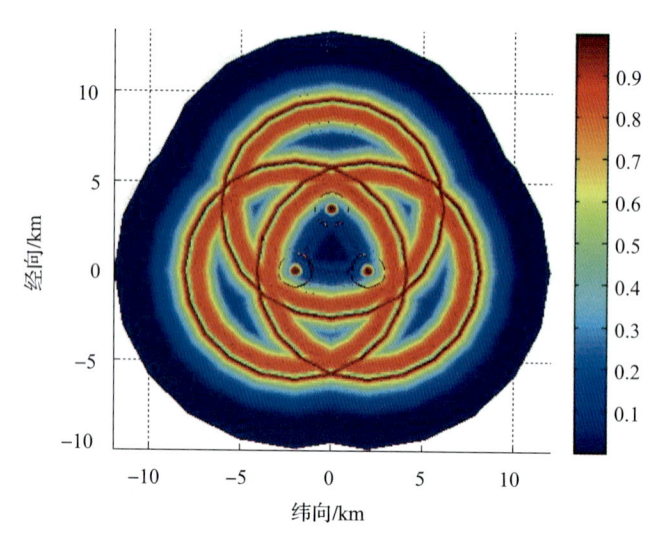

图4-41 对航深为45 m敷瓦潜艇的瞬时探测概率覆盖范围

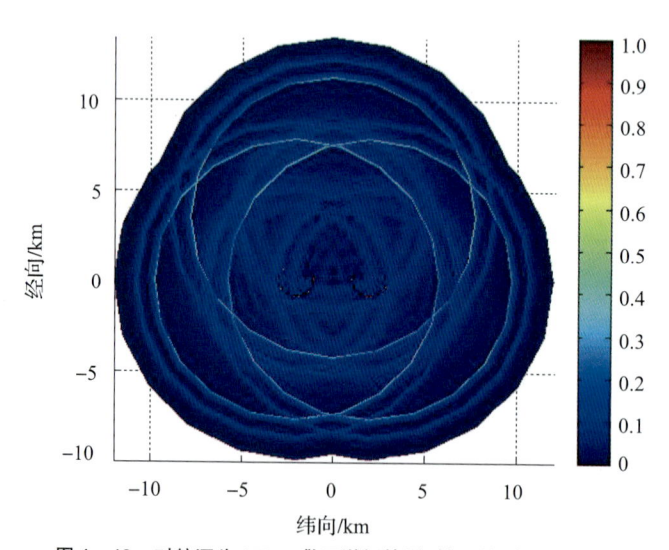

图4-42 对航深为150 m敷瓦潜艇的瞬时探测概率覆盖范围

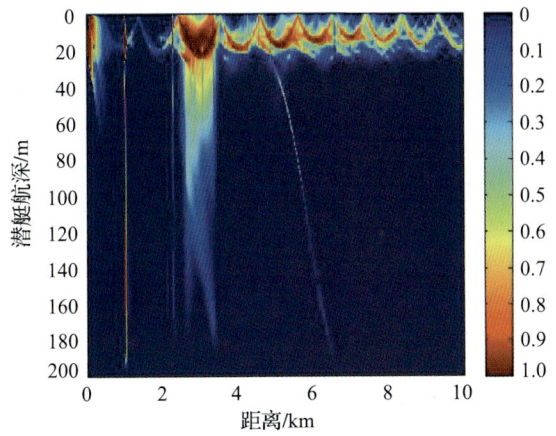

图 4-43 工作深度 15 m 时对敷瓦潜艇的瞬时探测概率

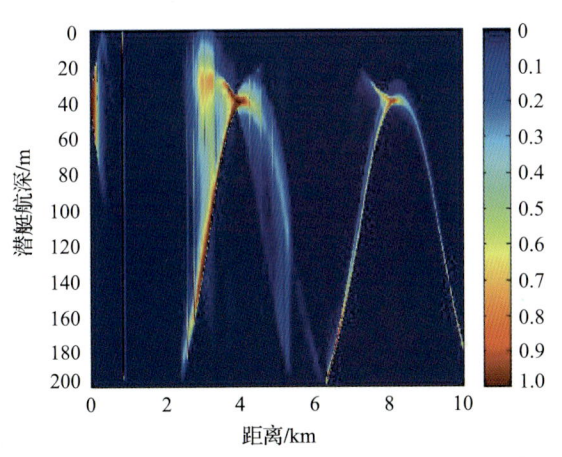

图 4-44 工作深度 40 m 时对敷瓦潜艇的瞬时探测概率

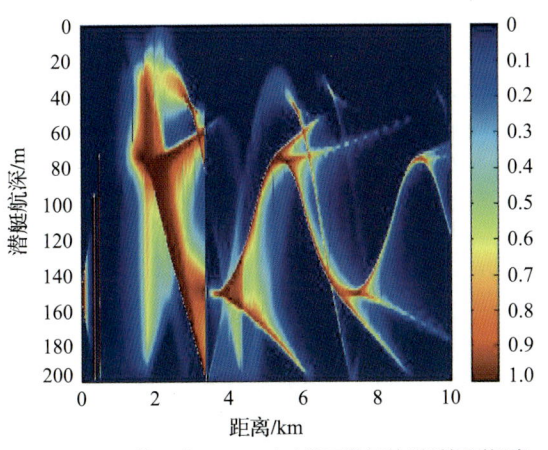

图 4-45 工作深度 150 m 时对敷瓦潜艇的瞬时探测概率

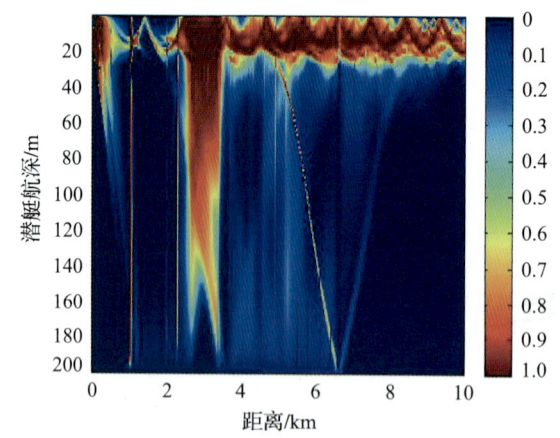

图 4-46　工作深度 15 m 时对未敷瓦潜艇的瞬时探测概率

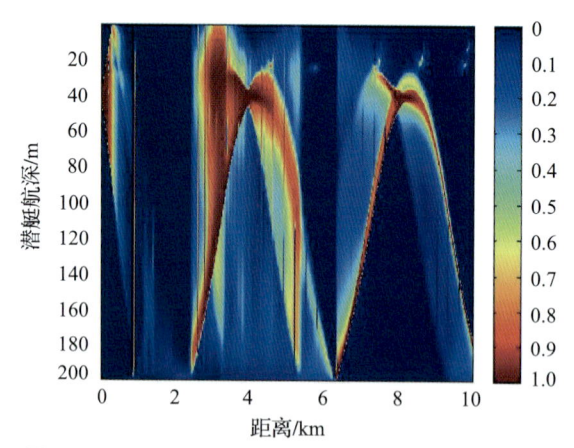

图 4-47　工作深度 40 m 时对未敷瓦潜艇的瞬时探测概率

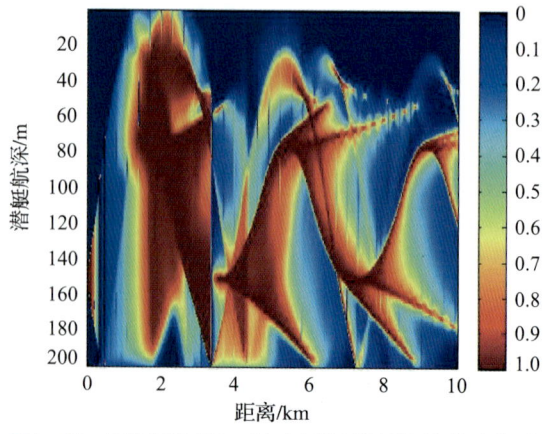

图 4-48　工作深度 150 m 时对未敷瓦潜艇的瞬时探测概率

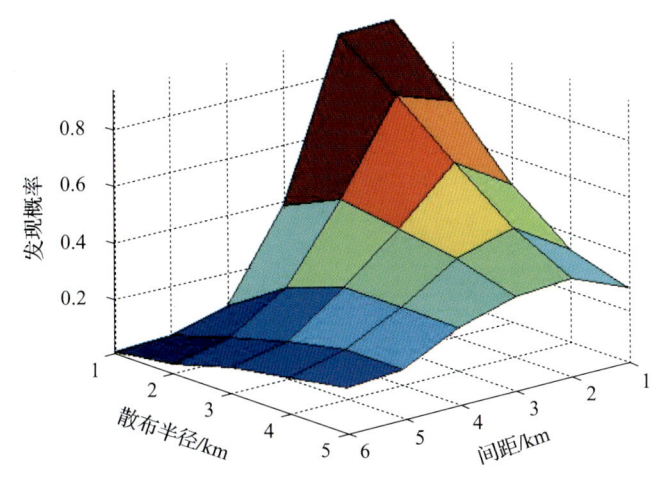

图4-51 三角阵对敷瓦潜艇的发现概率

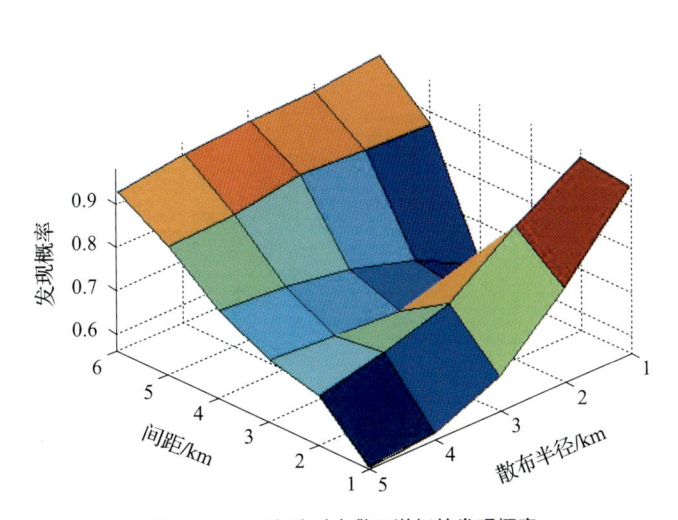

图4-52 三角阵对未敷瓦潜艇的发现概率

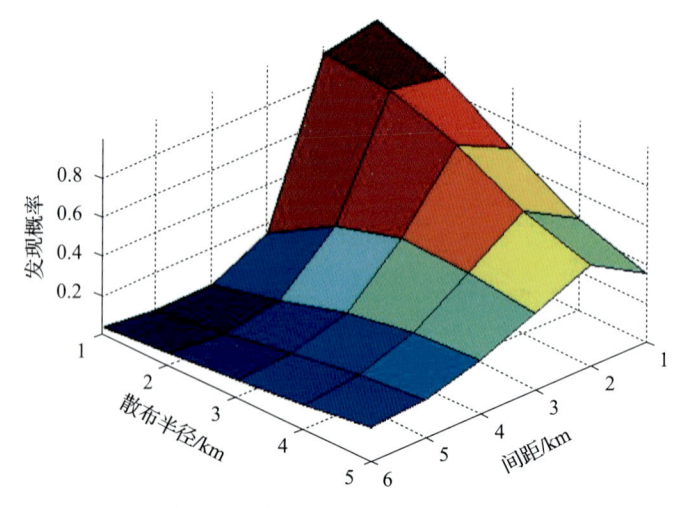

图 4-53 十字阵对敷瓦潜艇的发现概率

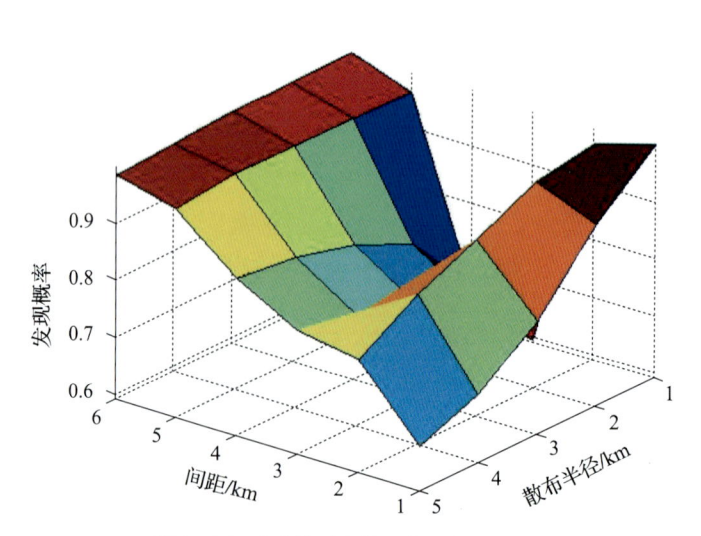

图 4-54 十字阵对未敷瓦潜艇的发现概率